MATEMÁTICA FINANCEIRA

Os autores

Wili Dal Zot

É professor de Matemática Financeira do Departamento de Matemática Pura e Aplicada da Universidade Federal do Rio Grande do Sul (UFRGS) desde 1984. É bacharel em Ciências Econômicas pela UFRGS, especialista em Finanças pela Escola de Pós-Graduação em Economia da Fundação Getúlio Vargas (FGV) e mestre em Administração pela Escola Brasileira de Administração Pública e de Empresas (EBAPE) pela mesma instituição. Atualmente, é professor convidado da FGV das disciplinas de Matemática Financeira e Finanças Corporativas em cursos de Pós-Graduação. Tem experiência em cargos de Gerência Financeira e de Controladoria em empresas de setores da Indústria de Comércio e Serviços.

Manuela Longoni de Castro

É bacharel em Matemática pela UFRGS, mestre em Matemática Aplicada pela mesma universidade e Ph.D. em Matemática pela University of New Mexico (Estados Unidos). É professora adjunta da Universidade Federal do Rio Grande do Sul desde 2006, ministrando a disciplina de Matemática Financeira desde 2007. Tem experiência na área de Matemática Aplicada, atuando nas áreas de Equações Diferenciais Parciais, Análise Numérica e Ecologia Matemática.

D136m   Dal Zot, Wili.
        Matemática financeira : fundamentos e aplicações / Wili Dal Zot, Manuela Longoni de Castro. – Porto Alegre : Bookman, 2015.
        xi, 151 p. : il. ; 27,7 cm.

        ISBN 978-85-8260-332-1

        1. Matemática financeira. I. Castro, Manuela Longoni de. II. Título.

        CDU 51

Catalogação na publicação: Poliana Sanchez de Araujo – CRB 10/2094

Wili DAL ZOT
Manuela Longoni de CASTRO

MATEMÁTICA FINANCEIRA
fundamentos e aplicações

2015

© Bookman Editora Ltda., 2015

Gerente editorial: *Arysinha Jacques Affonso*

Colaboraram nesta edição:

Editora: *Maria Eduarda Fett Tabajara*

Capa: *Márcio Monticelli*

Imagens da capa: *moodboard/Thinkstock*
stockbyte/Thinkstock

Leitura final: *Carolina Utinguassú Flores*

Editoração: *Techbooks*

Reservados todos os direitos de publicação à
BOOKMAN EDITORA LTDA., uma empresa do GRUPO A EDUCAÇÃO S.A.
Av. Jerônimo de Ornelas, 670 – Santana
90040-340 – Porto Alegre – RS
Fone: (51) 3027-7000 Fax: (51) 3027-7070

É proibida a duplicação ou reprodução deste volume, no todo ou em parte, sob quaisquer formas ou por quaisquer meios (eletrônico, mecânico, gravação, fotocópia, distribuição na Web e outros), sem permissão expressa da Editora.

Unidade São Paulo
Av. Embaixador Macedo Soares, 10.735 – Pavilhão 5 – Cond. Espace Center
Vila Anastácio – 05095-035 – São Paulo – SP
Fone: (11) 3665-1100 Fax: (11) 3667-1333

SAC 0800 703-3444 – www.grupoa.com.br

IMPRESSO NO BRASIL
PRINTED IN BRAZIL

PREFÁCIO

A Matemática Financeira pertence ao ramo da Matemática Aplicada, ou seja, auxilia no entendimento dos fenômenos da vida real, permitindo que se compreenda melhor o comportamento do dinheiro ao longo do tempo. Tem, portanto, uma ligação direta com o nosso bolso. Não só com ele, é claro, mas certamente essa é a ligação a que somos mais sensíveis.

Pense no seu caso. Talvez você esteja planejando comprar um carro novo em breve, esteja em busca do apartamento ideal ou mesmo de outro bem que será pago em módicas prestações e um prazo a perder de vista. Pois bem, quanto isso vai custar, no final das contas? E se você poupar para dar uma boa entrada e reduzir o número de prestações, qual será o impacto nas suas finanças? Que taxa de juros você vai pagar e qual é o melhor negócio a fazer?

Digamos que você já tenha o carro do ano e já tenha realizado o famoso sonho da casa própria. Talvez, então, seja hora de investir. Investir em renda fixa, em letras do tesouro ou no mercado de ações? Escolha complicada, não? Seu conhecimento de Matemática Financeira certamente terá um papel importante na hora de optar pelo melhor investimento ou pelo melhor empréstimo a fazer.

O juro, preço pago pelo crédito, desempenha um papel importante na sua vida. Não só no aspecto individual, quando acerta a taxa a ser cobrada no empréstimo ou a ser paga na aplicação naquele fundo de investimentos. Repercute profundamente, mesmo que você não preste muita atenção, quando o Banco Central anuncia que decidiu elevar (ou reduzir) em meio ponto percentual a famosa taxa Selic. Nesse momento, a taxa de juros está servindo de instrumento de política monetária para regular, entre outras coisas, a inflação. O impacto disso sobre a vida econômica do país, dos setores produtivos, das pessoas, é assunto diário e permanente nos jornais, na televisão, nos comentaristas de economia, com as análises tão divergentes, em muitos casos, que não parecem tratar do mesmo fato.

Depois de passar pela disciplina de Matemática Financeira, você entenderá melhor esse mundo aparentemente caótico e indecifrável. Mais do que isso, compreender conteúdos básicos como valor presente de uma anuidade, valor presente líquido, taxa interna de retorno, fluxo de caixa descontado e correção monetária vão lhe garantir a base matemática sólida indispensável para o bom desempenho em finanças e análise de investimentos.

Neste livro-texto, você encontrará os conceitos essenciais para cursos que lidam com finanças e investimentos. Ele apresenta os fundamentos da matemática para compreender o impacto dos juros no mundo de investimentos, bens imóveis, tomada de decisões financeiras, planejamento corporativo, seguros e transações de valores mobiliários.

Para enfrentar questões tão diversas, são apresentados conceitos seguidos de exemplos e exercícios acompanhados de solução, com passo a passo em calculadoras financeiras que se vale tanto de fórmulas como dos recursos pré-programados. Ainda, ao final dos capítulos, você encontrará inúmeros problemas, cujas respostas podem ser conferidas no site da Editora: **www.grupoa.com.br**.

Os exemplos foram tirados do mundo dos negócios e enriquecidos pela experiência dos autores no ensino da disciplina. O conteúdo foi organizado de forma a permitir que os alunos tenham plena autonomia de estudo, permitindo sua aplicação mesmo em cursos de educação a distância, amplamente utilizados nas instituições de ensino do Brasil.

Deixamos aqui um agradecimento especial a todos os alunos que, com suas dúvidas e críticas, foram contribuindo com o aprimoramento dos exemplos e dos conteúdos.

Wili Dal Zot
Manuela Longoni de Castro

SUMÁRIO

1 **Introdução** 1
    1.1 O crédito e o juro 1
    1.2 O surgimento do crédito e do sistema financeiro 1
    1.3 As instituições de intermediação financeira 2

2 **Conceitos básicos** 5
    2.1 O valor do dinheiro ao longo do tempo 5
    2.2 Principais variáveis e simbologia 6
        2.2.1 Principal (P) 6
        2.2.2 Juros (J) 6
        2.2.3 Montante (S) 6
        2.2.4 Prazo (n) 7
        2.2.5 Prestação (R) 7
        2.2.6 Taxa (i) 7
    2.3 Regra do banqueiro 8
    2.4 Precisão nos cálculos 9
        2.4.1 Arredondamento 9
        2.4.2 Precisão 9
    2.5 Capitalização de juros 10

3 **Juros simples** 11
    3.1 Introdução 11
    3.2 Fórmulas principais 11
    3.3 Problemas envolvendo juros 12
        3.3.1 Cálculo dos juros 12
        3.3.2 Cálculo do principal 15

3.3.3 Cálculo da taxa de juros 16
3.3.4 Cálculo do prazo 17
3.4 Problemas envolvendo montante 18
3.4.1 Cálculo do montante 18
3.4.2 Cálculo do principal 19
3.4.3 Cálculo da taxa de juros 19
3.4.4 Cálculo do prazo 20
3.5 Problemas 21

4 Juros compostos 23

4.1 Introdução 23
4.2 Fórmulas principais 23
4.3 Comparativo entre juros simples e juros compostos 24
4.4 Cálculo do montante 25
4.5 Cálculo do principal 26
4.6 Cálculo da taxa 27
4.7 Cálculo do prazo 28
4.8 Períodos não inteiros 29
4.9 Problemas 31

5 Taxas 33

5.1 Introdução 33
5.1.1 Diversas abordagens sobre taxas de juros 33
5.2 Taxas proporcionais 34
5.3 Taxas equivalentes 34
5.3.1 Juros simples 34
5.3.2 Juros compostos 35
5.4 Taxa nominal 37
5.5 Taxas de inflação 41
5.6 Taxas de desconto 42
5.7 Problemas 42

6 Descontos 45

6.1 Introdução 45
6.2 Simbologia 46
6.3 Desconto bancário simples 46
6.4 Cálculo do desconto (D) 46
6.5 Cálculo do valor descontado (P) 47

6.6	Cálculo da taxa efetiva (i)	48
6.7	Tipos de descontos	49
6.8	Problemas	50

7 Anuidades 51

7.1	Introdução	51
7.2	Valor atual de um fluxo de caixa	51
7.3	Classificação	52
7.4	Anuidades postecipadas	53
	7.4.1 Cálculo do principal P em função da prestação R	53
7.5	Cálculo da prestação R em função do principal	54
	7.5.1 Cálculo da taxa i	55
	7.5.2 Cálculo do valor futuro	57
	7.5.3 Cálculo da prestação R em função do valor futuro S	58
7.6	Anuidades antecipadas	59
	7.6.1 Cálculo da prestação R em função do principal	59
	7.6.2 Cálculo do principal P em função da prestação R	60
	7.6.3 Cálculo da taxa i	61
	7.6.4 Cálculo do valor futuro	62
	7.6.5 Cálculo da taxa conhecendo-se as prestações postecipada e antecipada	63
7.7	Anuidades diferidas	64
	7.7.1 Cálculo da prestação R em função do principal	65
	7.7.2 Cálculo do principal P em função da prestação R	66
	7.7.3 Cálculo da taxa i	67
	7.7.4 Coeficientes utilizados no comércio	67
7.8	Problemas especiais	70
	7.8.1 Dilema: poupar ou tomar empréstimo	70
	7.8.2 Modelo de poupança para o ciclo de vida	72
	7.8.3 Resumo das fórmulas de anuidades	73
7.9	Problemas	73

8 Equivalência de capitais 77

8.1	Conceito de equivalência de capitais	77
8.2	Valor atual ou valor presente de um fluxo de caixa	78
8.3	Verificação de equivalência	80
8.4	Tornando dois fluxos equivalentes entre si	83
8.5	Cálculo do fluxo equivalente	85
	8.5.1 Fluxos 1 × 1	85
	8.5.2 Fluxos n × 1	86
	8.5.3 Fluxos n × n	88
8.6	Problemas	90

9 Sistemas de amortização ... 93

- 9.1 Introdução ... 93
- 9.2 Classificação ... 93
- 9.3 Planos financeiros ... 93
  - 9.3.1 Sistema Americano com pagamento de juros no final ... 94
  - 9.3.2 Sistema Americano com pagamento periódico de juros ... 96
  - 9.3.3 Sistema Price ou Francês ... 97
  - 9.3.4 Sistema de amortizações constantes – SAC ... 99
  - 9.3.5 Sistema de amortização misto – SAM ... 100
- 9.4 Reflexões finais sobre os sistemas de amortização ... 100
- 9.5 Desafios ... 101
- 9.6 Solução dos desafios ... 101
  - 9.6.1 Sistema Americano com pagamento de juros ao final ... 101
  - 9.6.2 Sistema Americano com pagamento periódico de juros ... 103
  - 9.6.3 Sistema Price ou Francês ... 104
  - 9.6.4 Sistema de amortizações constantes – SAC ... 105
  - 9.6.5 Sistema de amortização misto – SAM ... 107
- 9.7 Problemas ... 108

10 Análise de investimentos ... 109

- 10.1 Introdução ... 109
- 10.2 Princípios de análise de investimentos ... 110
- 10.3 Limites da abordagem de análise de investimentos na Matemática Financeira ... 110
- 10.4 Conceitos básicos ... 110
  - 10.4.1 Taxa interna de retorno – TIR ... 111
  - 10.4.2 Taxa mínima de atratividade – TMA ... 111
  - 10.4.3 Valor presente líquido – VPL ... 111
  - 10.4.4 *Payback* ... 112
  - 10.4.5 Viabilidade econômica ... 112
  - 10.4.6 Viabilidade financeira ... 112
- 10.5 Principais técnicas de análise de investimentos ... 112
  - 10.5.1 Enfoques para a decisão ... 112
  - 10.5.2 Exemplos ... 113
  - 10.5.3 Método do valor presente líquido – VPL ... 113
  - 10.5.4 Método da taxa interna de retorno – TIR ... 115
  - 10.5.5 Método do *payback* – PB ... 116
  - 10.5.6 Método do valor presente líquido anualizado – VPLA ... 118
- 10.6 Comentários sobre os métodos ... 119
  - 10.6.1 Método do VPL ... 120
  - 10.6.2 Método da TIR ... 120
  - 10.6.3 Método do *payback* ... 120
- 10.7 Problemas ... 120

11 Correção monetária ... 123

- 11.1 Introdução ... 123
  - 11.1.1 Conceito de inflação ... 123
  - 11.1.2 O que é correção monetária? ... 124
- 11.2 Indexadores ... 124
  - 11.2.1 Números índices ... 124
  - 11.2.2 Princípio da indexação ... 124
  - 11.2.3 Uso das tabelas ... 125
  - 11.2.4 Como calcular a taxa de inflação ocorrida pela leitura dos índices ... 126
- 11.3 Fórmula de Fischer ... 129
  - 11.3.1 Taxas aparente, de correção monetária e real ... 129
- 11.4 Tabelas de preços ... 133
  - 11.4.1 Tabela 1 – IGP-DI/FGV: dez-2011 a ago-2013 ... 133
  - 11.4.2 Tabela 2 – IGP-M/FGV: jan-2009 a out-2013 ... 134
- 11.5 Problemas ... 135

A Um pouco mais sobre calculadoras ... 137

- A.1 Introdução ... 137
- A.2 Usando calculadoras financeiras ... 138
  - A.2.1 Marcas e modelos mais comuns ... 138
  - A.2.2 Juros compostos com a calculadora financeira ... 138

B Métodos numéricos de cálculo da taxa de juros ... 141

- B.1 Introdução ... 141
- B.2 Recursos pré-programados em calculadoras financeiras ... 142
- B.3 Método de Baily ... 142
- B.4 Métodos iterativos ... 143
  - B.4.1 Tentativa simples ... 143
  - B.4.2 Método de Newton-Raphson ... 144

Referências ... 147

Índice ... 149

CAPÍTULO 1
INTRODUÇÃO

1.1 O crédito e o juro

O crédito deve ser sempre associado ao tempo, uma vez que não existe empréstimo se não for relacionado com um espaço de tempo ao final do qual o tomador deve restituir ao credor a quantia emprestada. Deve, portanto, também haver um pagamento pelo preço do empréstimo, o juro, uma vez que existem formas de relacionamento jurídico, como o comodato, em que existe o empréstimo, durante certo tempo, mas não há uma remuneração estabelecida.

> O mútuo, ou empréstimo de consumo, é o contrato pelo qual uma pessoa transfere a outra a propriedade de certa quantidade de coisas, peças monetárias, mercadorias, etc., convencionando que outra parte envolvida lhe devolverá, ao fim de certo prazo, uma mesma quantidade de coisas de mesma qualidade. (GIRARD, 1906, apud JANSEN, 2002, p. 7).

Segundo Dumoulin e Rossellus (1961), parece ser justo que o mutuário, tendo realizado um ganho com o dinheiro recebido, consagre parte desse ganho para remunerar o serviço que lhe prestou o mutuante.

O juro, em relação ao dinheiro, significa, precisamente, o que os livros de aritmética afirmam: trata-se apenas do prêmio que se pode obter pelo dinheiro à vista em relação ao dinheiro a prazo, de modo que ele mede a preferência marginal (para a comunidade como um todo) de conservar o dinheiro em mãos, no lugar de só poder recebê-lo mais tarde. Ninguém pagaria esse prêmio, a menos que a posse do dinheiro tivesse alguma finalidade, ou seja, alguma eficiência. Portanto, podemos dizer que o juro reflete a eficiência marginal do dinheiro, tomado como unidade em função de si mesmo.

1.2 O surgimento do crédito e do sistema financeiro

Embora alguns autores relacionem o surgimento do crédito com o da letra de câmbio, ocorrido ao final da Idade Média, pode-se afirmar que ele existe há mais tempo, uma vez que o direito romano previa punições para o não cumprimento de dívidas por parte do tomador de empréstimos. Entretanto, foi com a letra de câmbio que o crédito tomou uma forma mais avançada, tendo em vista a possibilidade de endosso que permitia ao credor sua negociação ou representação para cobrança.

Inicialmente, a letra de câmbio tinha por objetivo vencimentos à vista, e sua grande utilidade era facilitar a troca de moedas entre as diferentes cidades evitando os elevados custos de transporte e guarda dos valores. Estava, portanto, dentro das regras do Direito Romano relativas aos contratos de compra e de venda. Gradativamente, foi evoluindo para vencimento a prazo, assumindo uma troca de dinheiro no presente por dinheiro no futuro. Por apenas constar os valores finais de resgate, a letra de câmbio não identificava a natureza dos serviços adicionados além da simples troca de valores entre as moedas, sendo possível a inclusão de juros sem que se pudesse identificá-la como empréstimo. Desse modo, escapava-se da condenação canônica[1] à cobrança de juros e à usura. O aparecimento da letra de câmbio constituiu-se, assim, em um marco importante para a facilitação do comércio entre as cidades, o que realimentou o crescimento das operações financeiras com a consequente criação dos primeiros bancos. Embora haja notícias da existência de bancos no século XIII, o primeiro considerado moderno e semelhante aos atuais foi o Banco de Amsterdã, fundado no ano de 1608. Foi nesse período, também, que surgiram as sociedades por ações e as bolsas, formando, junto com os bancos, os três pilares do Sistema Financeiro como é entendido hoje.

1.3 As instituições de intermediação financeira

Nas economias capitalistas, a condição de uso do dinheiro (capital) tem possibilitado a produção de bens e, consequentemente, a formação de mais dinheiro por meio do lucro. Portanto, o uso do dinheiro, e não necessariamente a sua propriedade, gera dinheiro. Por essa razão, o empréstimo tem valor, e o seu preço (aluguel do dinheiro) é denominado juro.

Para facilitar a compreensão sobre o funcionamento do fluxo do dinheiro entre os agentes econômicos, sugere-se a criação de um modelo didático com três categorias:

- Agentes superavitários (ou poupadores), cujas receitas são superiores aos gastos (consumo ou investimentos) e que não se interessam em outro uso para sua poupança exceto "aplicar" com terceiros.

- Agentes deficitários:

  a) consumidores cujos gastos com a compra de produtos para seu uso excedem suas receitas ou capacidade financeira;

  b) empreendedores cujos recursos próprios são insuficientes para as inversões de capital em atividades produtivas que desejam fazer.

- Agentes de intermediação financeira (bancos, financeiras, distribuidoras e corretoras de valores, etc.), que tornam possível a transferência da poupança dos agentes superavitários para os agentes deficitários, por meio do empréstimo e de sua liquidação, mediante remuneração pelo serviço, funcionando de forma semelhante a um mercado de mercadorias: o Mercado Financeiro.

No Mercado Financeiro é estabelecido o preço do dinheiro cuja unidade de medida é a taxa de juros, e seus corretores (os agentes de intermediação financeira) realizam a tarefa de aproximação entre os agentes deficitários, que demandam recursos financeiros, e os agentes superavitários, que os ofertam mediante uma taxa (*spread* ou delcredere).

---

[1] "O Cânone XVII do Concílio de Nicéa, em 325, proibiu os sacerdotes de emprestar dinheiro a juros."(OLIVEIRA, 2009, p. 351).

Assim, os agentes deficitários, para atingir seus propósitos, buscam recursos emprestados para financiar produção real de bens e serviços, além de seu respectivo consumo, por meio da intermediação financeira. A condição para que haja harmonia nesse processo de financiamento da economia é que o lucro global da economia seja maior do que o custo de seu financiamento, ou seja, o lucro deve ser maior do que o juro.

CAPÍTULO 2

CONCEITOS BÁSICOS

2.1 O valor do dinheiro ao longo do tempo

O que vale mais: R$ 100,00 hoje ou R$ 100,00 daqui a um ano? Se fizermos essa pergunta aleatoriamente para diversas pessoas, é provável que mais de 90% das respostas indiquem a preferência por R$ 100,00 hoje. Pode-se ter várias razões para essa preferência:

- A perda do poder aquisitivo da moeda pela *inflação*

- *Risco* de não receber o dinheiro no futuro

- *Impaciência* para consumir bens ou serviços imediatamente

- *Outras opções de investimento* com expectativa de lucro

Uma vez que uma quantia hoje representa mais valor do que a mesma quantia no futuro, surge a figura do **empréstimo**, ou seja, o aluguel do dinheiro por um certo tempo e por um determinado preço.

A oportunidade de uso representa valor para quem dispõe de dinheiro hoje; logo, existem pessoas dispostas a pagar um preço para dispor desse recurso. Essas pessoas são a ponta devedora dos empréstimos: *viver agora, pagar depois*. De outro lado, existem pessoas dispostas a se privar de recursos hoje em troca de um prêmio por sua espera: *pagar agora, viver depois*. Assim, pode-se dizer que os juros são o preço da impaciência dos devedores e o prêmio da espera dos credores. Os juros são o preço do aluguel do dinheiro, e o empréstimo é uma troca intertemporal de uma quantia no presente pela mesma quantia acrescida de juros no futuro (GIANETTI, 2005).

A troca intertemporal é representada por uma equação de valor. Se considerarmos que a quantia emprestada é uma variável econômica representada pela letra P e tomarmos como J a representação dos juros, a variável econômica que expressa o preço pago pelo aluguel do dinheiro emprestado, temos a seguinte expressão matemática:

$$S = P + J$$

onde S é o valor total que o devedor ou tomador do empréstimo deverá pagar ao credor ao final do prazo ajustado. A fórmula expressa uma relação de valor: o que hoje vale P, amanhã valerá S, equivalente a $P + J$.

> **CONCEITO 2.1** **Matemática Financeira** é a disciplina que tem por objetivo *o estudo da evolução do valor do dinheiro ao longo do tempo*. Esse estudo é composto de equações matemáticas que expressam, principalmente, a relação entre o valor de uma quantia em dinheiro no presente e o seu valor equivalente no futuro. De uma forma prática, a Matemática Financeira visa ao cálculo dos rendimentos dos empréstimos e de sua rentabilidade.

Por pertencer ao ramo de disciplinas da Matemática Aplicada, a Matemática Financeira utiliza como principal método a *solução de problemas*, subordinando-se às convenções e normas das práticas financeiras, bancárias e comerciais do mundo dos negócios.

2.2 Principais variáveis e simbologia

O estudo da evolução do dinheiro é feito pela Matemática Financeira por meio de equações onde se encontram relacionadas as principais variáveis econômicas, geralmente simbolizadas por letras. Neste livro, as letras utilizadas estão destacadas ao lado dos títulos das subseções. Outras simbologias utilizadas na literatura também são mencionadas nos parágrafos de cada variável.

2.2.1 Principal (P)

> **CONCEITO 2.2** **Principal** é o capital inicial (C, C_0) de um empréstimo ou de uma aplicação financeira. Também é conhecido por valor presente (*VP*), valor atual (*VA*), valor descontado ou *present value* (*PV*), sigla encontrada na maioria das calculadoras financeiras.

Em uma aplicação ou em um empréstimo, maior capital inicial implica mais juros.

2.2.2 Juros (J)

> **CONCEITO 2.3** **Juro** é a remuneração do capital emprestado. Da parte de quem paga, é uma despesa ou custo financeiro; da parte de quem recebe, é um rendimento ou renda financeira.

Sinônimos: encargos, acessórios (do principal), rendimento, serviço da dívida.

2.2.3 Montante (S)

> **CONCEITO 2.4** **Montante** é o saldo ou valor futuro (*VF*, C_n) de um empréstimo ou de uma aplicação financeira. É a soma do capital aplicado ou emprestado mais os juros, expressa pela equação:
>
> $$S = P + J \qquad (2.1)$$

Sinônimos: valor futuro (*VF*), valor de resgate (*VR*), *future value* (*FV*).

2.2.4 Prazo (n)

CONCEITO 2.5 O **prazo** se refere ao período de tempo que dura o empréstimo ou a aplicação financeira.

Maior tempo em um empréstimo implica maior quantia de juros.

O tempo pode ser medido em diferentes unidades, como dias, meses, trimestres, anos, etc.

O símbolo n também é utilizado para representar número de prestações.

2.2.5 Prestação (R)

CONCEITO 2.6 **Prestação** se refere ao valor de pagamentos quando esses são feitos em um número maior do que a unidade.

Sinônimos: pagamentos (*PGTO*), *payment* (*PMT*).

2.2.6 Taxa (i)

O juro é o elemento fundamental da Matemática Financeira. Entretanto, conhecer apenas o valor do juro não dá uma ideia completa do problema.

Considere duas situações de aplicações feitas no mesmo período em que se obtém R$ 200,00 de juros: na primeira, o capital emprestado é R$ 1.000,00; na segunda, o capital emprestado é R$ 10.000,00. Em ambas as situações, os juros foram os mesmos: R$ 200,00. Entretanto, na primeira situação, cada R$ 100,00 emprestados renderam R$ 20,00, enquanto na segunda renderam R$ 2,00.

Por outro lado, os mesmos R$ 200,00 também poderiam ser obtidos de uma mesma aplicação em outras duas situações diferentes: após 1 mês de aplicação ou após 12 meses. Novamente, em ambas, os juros foram os mesmos: R$ 200,00. No entanto, na primeira situação, em apenas 1 mês de empréstimo, obteve-se a mesma quantia de juros que na segunda, que demorou 12 meses. Pode-se supor, então, que a primeira aplicação é 12 vezes mais rentável do que a segunda.

Os juros crescem à medida que o principal aumenta, mas também crescem com o transcorrer do tempo. Essa dupla dependência dos juros cria uma dificuldade no seu cálculo. Para resolver a dupla dependência dos juros:

CONCEITO 2.7 Define-se como **taxa de juros** o quociente entre o valor dos juros gerados no primeiro período (na unidade de tempo considerada) pelo valor do capital emprestado:

$$i = \frac{juros}{principal}$$

A taxa de juros pode ser apresentada em dois formatos: taxa unitária ou taxa percentual.

Exemplo: um empréstimo de R$ 1.000,00 rendeu juros de R$ 200,00 no primeiro mês:

$$i = \frac{juros}{principal} = \frac{200}{1.000} \text{ a.m.} = 0{,}20 \text{ a.m.} = 20\% \text{ a.m.}$$

Uma taxa unitária de 0,20 ao mês significa um juro de R$ 0,20 a cada R$ 1,00 de principal por mês de empréstimo. Uma taxa percentual de 20% ao mês significa um juro de R$ 20,00 a cada R$ 100,00 de principal por mês de empréstimo.

Taxas percentuais são utilizadas no meio financeiro e nas calculadoras financeiras, enquanto taxas unitárias são utilizadas em fórmulas.

2.3 Regra do banqueiro

As fórmulas da Matemática Financeira exigem compatibilidade entre as variáveis de tempo e taxa, isto é, se o tempo for medido em meses, a taxa utilizada deverá ser ao mês.

Embora de intuitiva racionalidade, essa exigência nos obriga a seguir determinadas convenções. A mais utilizada é a *regra do banqueiro* (CISSELL; CISSELL, 1982, p. 23).

Os dias de um empréstimo ou aplicação financeira de 01/02/2013 a 01/03/2013 podem ser contados de duas maneiras:

- Contagem exata: 28 dias

- Contagem aproximada: 30 dias

Em ambos os casos, não se conta o primeiro dia e conta-se o último. Na contagem exata, consideram-se os dias efetivamente existentes. Na contagem aproximada, considera-se que todo mês tem 30 dias, independentemente de qual seja o mês.

Um ano tem:

- 365 dias, se for ano civil

- 360 dias, se for ano comercial ou bancário

Um mês tem: 30 dias

Pela regra do banqueiro, todo ano é bancário, então uma taxa de juros de 20% ao ano significa que, a cada 360 dias corridos (contagem exata), uma aplicação financeira de R$ 100,00 rende R$ 20,00 de juros.

Pela mesma regra do banqueiro, todo mês tem 30 dias, o que significa uma taxa de juros de 10% ao mês proporcionando que a cada 30 dias corridos (contagem exata) uma aplicação financeira de R$ 100,00 renda R$ 10,00 de juros.

> **EXEMPLO 2.1** Seja uma aplicação financeira realizada no período que vai de 01/02/2013 a 01/03/2013 a uma taxa anual de 45% ao ano. Nesse caso, para tornar compatíveis as unidades de tempo e taxa, deseja-se encontrar a fração de ano que corresponde à aplicação.

Pela regra do banqueiro, utiliza-se a combinação contagem exata e ano comercial ou bancário:

$$n = \frac{\text{contagem exata de dias}}{\text{dias do ano comercial}} = \frac{28}{360} \, a = 0,0777777777\ldots a$$

> **EXEMPLO 2.2** Considere o período que vai de 01/03/2011 a 01/03/2012. Pela contagem exata, esse período tem 365 dias e todos os dias do período, exceto o primeiro, são considerados.

Se a taxa de juros for mensal, devemos transformar o período em meses:

$$n = \frac{contagem\ exata\ de\ dias}{dias\ do\ mês} = \frac{365}{30}\ m = 12,166666666\ldots m$$

No caso de uma taxa de juros anual, devemos transformar o período em anos:

$$n = \frac{contagem\ exata\ de\ dias}{dias\ do\ ano\ comercial} = \frac{365}{360}\ a = 1,0138888888\ldots a$$

2.4 Precisão nos cálculos

2.4.1 Arredondamento

Boa parte dos resultados dos cálculos financeiros é proveniente de frações. Algumas delas têm uma representação decimal finita, como é o caso de $\frac{700}{10} = 70$. Outras, entretanto, têm uma correspondência decimal infinita como $\frac{1.400}{3} = 466,66666\ldots$. Se o que estivermos procurando for um valor em reais, no primeiro caso a resposta seria R$ 70,00, precisamente. Já no segundo caso, temos um problema de precisão quanto à representação em reais, uma vez que nessa moeda é permitido somente até duas casas decimais. Assim somos forçados a "arredondar" a resposta para R$ 466,67, que é o número mais próximo da resposta correta.

Uma vez definido qual é o número de casas limite para a apresentação do resultado de um cálculo, deve-se proceder o arredondamento. Para arredondar, se o primeiro algarismo a ser eliminado for 5 ou maior, acrescenta-se 1 no último algarismo remanescente; se o primeiro algarismo a ser eliminado for inferior a 5, despreza-se todos os algarismos após a última decimal do limite estabelecido.

Exemplos de arredondamento para duas casas decimais:

- 23,4685 é arredondado para 23,47

- 41,12497 é arredondado para 41,12

- 1,99499999 é arredondado para 1,99

- 9,00500000 é arredondado para 9,01

2.4.2 Precisão

Para se obter o máximo de precisão nos resultados, devem ser evitados arredondamentos desnecessários, isto é, arredondamentos em cálculos intermediários. O arredondamento somente deve ser feito na resposta final. Uma das melhores maneiras de se evitar arredondamentos intermediários é valer-se dos recursos da calculadora fazendo os cálculos de forma sequencial. Por exemplo: $\frac{2}{3} \times 100$ pode ser feito de dois modos:

a) $\frac{2}{3} = 0,67$ e após $0,67 \times 100 = 67,00$ ou

b) $\frac{2}{3} \times 100 = \frac{2 \times 100}{3} = 66,67$

Com toda a certeza, a segunda opção é bem mais precisa do que primeira.

A principal diferença entre as apções apresentadas é que, na primeira alternativa, houve um arredondamento em um dos cálculos intermediários (0,67), resultando em uma perda de precisão.

> **REGRA DE OURO** Para se obter máxima precisão, não se deve arredondar em cálculos intermediários, apenas na resposta final.

2.5 Capitalização de juros

> **CONCEITO 2.8** Denomina-se **capitalização de juros** o ato de adicionar juros ao capital.

De acordo com a capitalização, os juros são classificados em:

- Juros com capitalização discreta: geralmente períodos de tempo iguais ou superiores a mês.
    - Juros simples: os juros são calculados apenas com base no principal e cobrados ao final
    - Juros compostos: os juros são calculados com base no principal acrescido dos juros calculados em períodos anteriores
- Juros contínuos[1]: os juros são acrescidos ao capital em intervalos infinitesimais de tempo (FARO, 1990, p. 4).

---

[1] Juros contínuos não são comuns na prática comercial ou bancária e, por essa razão, não serão desenvolvidos neste livro. O estudante interessado poderá aprofundar seu conhecimento em Faro (1990, p. 4) ou em Bueno, Rangel e Santos (2011, p. 15).

CAPÍTULO 3
JUROS SIMPLES

3.1 Introdução

CONCEITO 3.1 Se o cálculo do juro é feito com base apenas no principal original, mas é pago ao final do empréstimo, o denominamos **juros simples**. (GUTHRIE; LEMON, 2004, p. 5) Assim, no regime de juros simples, não há cálculo de juros a partir de juros. Além disso, os juros são pagos ao final do período.

Diz-se que os juros não são capitalizados[1] ou, segundo alguns autores, são capitalizados apenas na liquidação final do empréstimo, de modo a não gerarem novos juros no período considerado (DAL ZOT, 2008, p. 31).

Os juros simples são conhecidos também como *lineares* ou *ordinários*.

3.2 Fórmulas principais

Considere o financiamento de R$ 10.000,00, a uma taxa de juros simples de 30% ao ano, a ser pago ao final de 4 anos. Uma forma de demonstrar a evolução da dívida é apresentar todas as datas em que possa ocorrer uma alteração de valor nos saldos. Essa forma de apresentação tem diversas denominações: plano financeiro, conta gráfica ou memória de cálculo.

Ano	Saldo inicial	Juros simples	Saldo final
1	10.000	$10.000 \times 0{,}30 = 3.000$	13.000
2	13.000	$10.000 \times 0{,}30 = 3.000$	16.000
3	16.000	$10.000 \times 0{,}30 = 3.000$	19.000
4	19.000	$10.000 \times 0{,}30 = 3.000$	22.000

---

[1] "[...] nos *juros simples*, o credor só adquire o direito aos juros ao final do prazo e, por isso, não há capitalizações intermediárias durante todo o período em que os juros são computados."(OLIVEIRA, 2009, p. 426).

Tomando-se a mesma evolução de um empréstimo e mudando os valores pelas variáveis matemáticas que os representam, segundo a simbologia adotada neste livro, teremos o quadro abaixo, que, levado exaustivamente para uma data focal n, nos dará as principais fórmulas de juros simples:

Ano	Saldo inicial	Juros	Saldo final
1	P	$P \cdot i$	$P + P \cdot i = P(1+i)$
2	$P(1+i)$	$P \cdot i$	$P(1+i) + P \cdot i = P(1+2i)$
3	$P(1+2i)$	$P \cdot i$	$P(1+2i) + P \cdot i = P(1+3i)$
4	$P(1+3i)$	$P \cdot i$	$P(1+3i) + P \cdot i = P(1+4i)$
...	...	...	...
n	$P(1+(n-1)i)$	$P \cdot i$	$P(1+(n-1)i) + P \cdot i$
		$J = \Sigma_1^n P \cdot i = P \cdot i \cdot n$	$S = P(1 + i \cdot n)$

Com base no comportamento dos juros simples a partir do desenvolvimento acima, obtemos as seguintes fórmulas principais:

$$J = P \cdot i \cdot n \tag{3.1}$$

e

$$S = P(1 + i \cdot n) \tag{3.2}$$

Aplicando-se as fórmulas encontradas para o financiamento dos R$ 10.000,00, obteremos:
$J = P \cdot i \cdot n = 10.000 \times 0,30 \times 4 = 12.000$
$S = P + J = 10.000 + 12.000 = 22.000$
$S = P(1 + i \cdot n) = 10.000(1 + 4 \times 0,30) = 22.000$

3.3 Problemas envolvendo juros

3.3.1 Cálculo dos juros

EXEMPLO 3.1 Calcular o valor dos juros pagos pelo empréstimo de um capital de R$ 2.500,00 à taxa de juros simples de 2% ao mês, após 4 meses.

Dados:
$J = ?$
$P = 2.500,00$ (principal = capital emprestado)
$n = 4$ m²
$i = 2\%$ $(0,02)^3$ a.m.⁴

Solução:

$$J = P \cdot i \cdot n \Rightarrow J = 2.500 \times 0,02 \times 4 = 200,00000\ldots$$

Resposta: R$ 200,00.

A maioria dos problemas que envolvem Matemática Financeira exige recursos de cálculo que são encontrados nas **calculadoras financeiras**. Elas possuem fórmulas pré-programadas que simplificam muito a resolução de problemas financeiros. Quanto à forma de alimentar os números no teclado, existem dois sistemas:

- Modo algébrico (ALG): forma tradicional comum na maioria das calculadoras.
- Notação polonesa reversa (RPN): próprio das calculadoras HP.

Por exemplo, o cálculo $2.500 \times 0,02 \times 4$ pode ser resolvido de maneiras diferentes, conforme o sistema empregado:

Usando a calculadora. $2.500 \times 0,02 \times 4$

RPN	ALG
2500 ENTER	2500 ×
.02 ×	.02 ×
4 ×	4 =
200,00	200,00

Nos exemplos a seguir, apresentaremos os cálculos para ambos os sistemas.

EXEMPLO 3.2 Qual é o rendimento de uma aplicação financeira de R$ 3.589,00 após 139 dias, a uma taxa de 1,90% ao mês?

Dados:
$J = ?$ (rendimento = juro)
$P = 3.589,00$ (principal = valor da aplicação financeira)
$i = 1,9\%$ $(0,019)$ a.m.
$n = 139$ d

Antes de prosseguirmos, perguntamos: a taxa é mensal e o prazo é em dias... O que fazemos?

---

[2] Quando o prazo é indicado em meses, é comum utilizar a abreviatura m. Abreviaturas mais utilizadas: d = dias, m = meses, b = bimestres, t = trimestres, s = semestres e a = anos.

[3] No mercado financeiro e nas relações comerciais em geral, são utilizadas taxas percentuais. Portanto, é nesse formato que os enunciados dos problemas deste livro farão referência às taxas. Nota-se também que a taxa percentual é o padrão utilizado pelos recursos pré-programados das calculadoras financeiras. Entretanto, quando a solução dos problemas é feita por meio de equações, é preciso utilizar a forma unitária para as taxas.

[4] As taxas são informadas por período. Uma taxa mensal tem comumente a abreviatura a.m. As abreviaturas mais utilizadas são: a.d. = ao dia, a.m. = ao mês, a.b. = ao bimestre, a.t. = ao trimestre, a.s. = ao semestre e a.a. = ao ano.

Resposta: O prazo e a taxa devem sempre estar na mesma unidade de tempo e é sempre o prazo que deve ser convertido, e não a taxa. Para converter o prazo de dias para meses, utilizamos a regra do banqueiro.

Pela regra do banqueiro, um mês tem 30 dias; logo, o prazo $n = 139$ dias corresponde a

$$n = \frac{139}{30} = 4,633333... \text{ meses}$$

Agora podemos voltar ao exemplo.

Qual é o rendimento de uma aplicação financeira de R$ 3.589,00 após 139 dias, a uma taxa de 1,90% ao mês?

Dados:

$J =?$ (rendimento = juro)
$P = 3.589,00$ (principal = valor da aplicação financeira)
$i = 1,9\%$ (0,019) a.m.
$n = 139$ d

Solução:

$$J = P \cdot i \cdot n = 3.589 \times 0,019 \times \frac{139}{30} = 315,9516333...$$

Resposta: R$ 315, 95.

Cuidado com os arredondamentos!

Encontramos $n = \frac{139}{30} = 4,633333...$. Se esse valor for arredondado antes de calcular a resposta final, poderemos perder precisão, como será visto nas alternativas a seguir:

Arredondando $n = \frac{139}{30}$ para...	Resultado de $J = P \cdot i \cdot n$
4,6	$3.589 \times 0,019 \times 4,6 = 313,68$
4,63	$3.589 \times 0,019 \times 4,63 = 315,72$
4,633	$3.589 \times 0,019 \times 4,633 = 315,93$
Usando a maior precisão possível	**Resposta mais correta**
4,63333333...	$3.589 \times 0,019 \times 139 \; \boxed{\div} \; 30 = 315,9516333...$

Nas aplicações profissionais, normalmente se exige exatidão em ao menos duas casas decimais. Qualquer um desses arredondamentos forneceria respostas inexatas que seriam avaliadas como erradas ou parcialmente corretas. Para se obter essa precisão ao final, é necessário utilizar todas as casas da calculadora nos cálculos intermediários, seguindo os passos indicados nos exemplos resolvidos.

Usando a calculadora. $3.589 \times 0{,}019 \times \dfrac{139}{30}$

RPN	ALG
3589 [ENTER]	3589 [×]
0.019 [×]	0.019 [×]
139 [×]	139 [÷]
30 [÷]	30 [=]
315,9516333...	315,9516333...

EXEMPLO 3.3 O empréstimo de um capital de R$ 3.700,00, à taxa de juros simples de 35,5% ao ano, foi feito no dia 02/01/2011 e pago em 02/03/2011. Calcular os rendimentos pagos.

Dados:
  $J = ?$
  $P = 3.700{,}00$ (principal = capital emprestado)
  $i = 35{,}5\%$ $(0{,}355)$ a.a.
  $n = 59 \text{ d} = \dfrac{59}{360}$ a (regra do banqueiro para conversão)

Solução:

$$J = P \cdot i \cdot n = 3.700 \times 0{,}355 \times \dfrac{59}{360} = 215{,}268055\ldots$$

Resposta: Foram pagos rendimentos de R$ 215,27.

Usando a calculadora. $3.700 \times 0{,}355 \times \dfrac{59}{360}$

RPN	ALG
3700 [ENTER]	3700 [×]
.355 [×]	.355 [×]
59 [×]	59 [÷]
360 [÷]	360 [=]
⇒ 215,268056	⇒ 215,268056

3.3.2 Cálculo do principal

EXEMPLO 3.4. Calcular o valor necessário para aplicar em um fundo que remunera à taxa de juros simples de 26% ao ano, para se conseguir rendimentos no valor de R$ 400,00 após 45 dias.

Dados:
$P = ?$
$J = 400$
$i = 26\% \ (0,26) \ a.a$
$n = 45 \ d = \dfrac{45}{360} \ a$ (regra do banqueiro para conversão)

Solução:

$$J = P \cdot i \cdot n \iff P = \dfrac{J}{i \cdot n}$$

$$P = \dfrac{J}{i \cdot n} \tag{3.3}$$

$$P = \dfrac{J}{i \cdot n} = \dfrac{400}{0,26 \times \dfrac{45}{360}} = 12.307,6923077$$

Resposta: É necessária uma aplicação de R$ 12.307,69.

> *Usando a calculadora.* $\dfrac{400}{0,26 \times \frac{45}{360}}$

RPN	ALG
400 ENTER	400 ÷
.26 ENTER	(
45 ×	.26 ×
360 ÷	45 ÷
÷	360 =
⇒12.307,6923077	⇒12.307,6923077

3.3.3 Cálculo da taxa de juros

EXEMPLO 3.5 Uma aplicação de R$ 3.000,00 rende juros de R$ 340,00 após 320 dias. Calcular a taxa anual de juros simples utilizada.

Dados:
$P = 3.000$
$J = 340$
$n = 320 \ d = \dfrac{320}{360} \ a$
$i_a = ?$

$$J = P \cdot i \cdot n \iff i = \dfrac{J}{P \cdot n}$$

$$i = \dfrac{J}{P \cdot n} \tag{3.4}$$

$$i_a = \dfrac{J}{P \cdot n} = \dfrac{340}{3.000 \times \dfrac{320}{360}} = 0,12750000000$$

Resposta: A taxa anual é de 12,75% a.a.

Usando a calculadora. $\dfrac{340}{3.000 \times \frac{320}{360}}$

RPN	ALG
340 ENTER	340 ÷
3000 ENTER	(
320 ×	3000 ×
360 ÷	320 ÷
⇒ 0,12750000000	360 =
	⇒ 0,12750000000

3.3.4 Cálculo do prazo

EXEMPLO 3.6 Um empréstimo de R$ 4.700,00 rende juros de R$ 980,00 a uma taxa mensal de juros simples de 5,5% ao mês. Calcular o número de dias que durou o empréstimo.

Dados:
$P = 4.700$
$J = 980$
$i = 5,5\%$ (0,055) a.m.
$n = ?$ em dias

Solução:

$$J = P \cdot i \cdot n \Longleftrightarrow n = \frac{J}{P \cdot i}$$

$$n = \frac{J}{P \cdot i} \tag{3.5}$$

$$n = \frac{J}{P \cdot i} = \frac{980}{4.700 \times 0,055} = 3.7911\ldots$$

Resposta: A duração do empréstimo foi de 3,79 meses.

Pergunta: A solução acima atende ao que foi solicitado?

Foi solicitado o número de dias que durou o empréstimo. Observe que n, quando calculado a partir da taxa mensal, fornece o prazo em meses. Deve-se converter o resultado para obter o prazo em dias:

$$n = 3.7911\ldots \text{ meses} = 3.7911\ldots \times 30 \text{ dias} = 113,73 \text{ dias}$$

Resposta correta: O empréstimo durou 113,73 dias.

Usando a calculadora. $\dfrac{980}{4.700 \times 0,055} \times 30$

RPN	ALG
980 ENTER	980 ÷
4700 ENTER	(
0.055 ×	4700 × 0.055
÷	)
30 ×	× 30
⇒ 113,733075435	⇒ 113,733075435

3.4 Problemas envolvendo montante

3.4.1 Cálculo do montante

EXEMPLO 3.7 Um capital no valor de R$ 5.600,00 foi emprestado à taxa de juros simples de 43% ao ano. Calcular o montante após 458 dias.

Dados:
$P = 5.600,00$
$i = 43\%\ (0,43)$ a.a.
$n = 458\ \text{d} = \dfrac{458}{360}\ \text{a}$
$S = ?$

Solução:
$$S = P(1 + i \cdot n) = 5.600\left(1 + 0,43 \times \dfrac{458}{360}\right) = 8.663,51111111$$

Resposta: O montante foi de R$ 8.663,51.

Usando a calculadora. $5.600\left(1 + 0,43 \times \dfrac{458}{360}\right)$

RPN	ALG
.43 ENTER	.43 ×
458 ×	458 ÷
360 ÷	360 +
1 +	1 ×
5600 ×	5600 =
⇒ 8663,511111111	⇒ 8663,511111111

3.4.2 Cálculo do principal

EXEMPLO 3.8 Qual é o capital necessário para acumular um montante de R$ 9.350,00 à taxa de juros simples de 34% ao ano após 37 meses?

Dados:
$S = 9.350,00$
$P = ?$
$i = 34\% \ (0,34)$ a.a.
$n = 37 \text{ m} = \frac{37}{12} \text{ a}$

Solução:

$$S = P(1 + i \cdot n) \iff P = \frac{S}{(1 + i \cdot n)}$$

$$P = \frac{S}{(1 + i \cdot n)} \tag{3.6}$$

$$P = \frac{S}{(1 + i \cdot n)} = \frac{9.350}{(1 + 0{,}34 \times \frac{37}{12})} = 4.564{,}6867$$

Resposta: É necessário um capital de R$ 4.564,69.

> *Usando a calculadora.* $\dfrac{9.350}{\left(1 + 0,34 \times \frac{37}{12}\right)}$

RPN	ALG
9350 ENTER	9350 ÷
.34 ENTER	(.34
37 ×	× 37
12 ÷	÷ 12
1 + ÷	+ 1
⇒ 4.564,6867	= 867
	⇒ 4.564,6867

3.4.3 Cálculo da taxa de juros

EXEMPLO 3.9 Qual é a taxa anual de juros simples que transforma um capital de R$ 5.870,00 em um montante de R$ 6.340,00 após 270 dias?

Dados:
$i_a = ?$
$S = 5.870,00$
$P = 6.340,00$
$n = 270 \text{ d} = \frac{270}{360} \text{ a}$

Solução:

$$S = P(1+i\cdot n) \iff \frac{S}{P} = 1 + i\cdot n \iff \frac{S}{P} - 1 = i\cdot n \iff i = \frac{\frac{S}{P}-1}{n}$$

$$i = \frac{\frac{S}{P}-1}{n} \tag{3.7}$$

$$i = \frac{\frac{S}{P}-1}{n} = \frac{\frac{6.340}{5.870}-1}{\frac{270}{360}} = 0,1067575$$

Resposta: 10,68% a.a.

> *Usando a calculadora.* $\dfrac{\frac{6.340}{5.870}-1}{\frac{270}{360}}$

RPN	ALG
6340 ENTER	6340 ÷
5870 ÷	5870 −
1 −	1 ÷
270 ENTER	(270
360 ÷	÷ 360
÷	=
⇒ 0,1067575	⇒ 0,1067575

3.4.4 Cálculo do prazo

EXEMPLO 3.10 Uma aplicação de R$ 20.430,00, a uma taxa de juros simples de 43% a.a., tem um valor de resgate na data do vencimento de R$ 26.000,00. Quantos dias durou a aplicação?

Dados:
$P = 20.430,00$
$i = 43\%\ (0,43)$ a.a.
$S = 26.000,00$
$n_d = ?$

Solução:

$$S = P(1+i\cdot n) \iff \frac{S}{P} = 1 + i\cdot n \iff \frac{S}{P} - 1 = i\cdot n \iff n = \frac{\frac{S}{P}-1}{i}$$

$$n = \frac{\frac{S}{P}-1}{i} \tag{3.8}$$

$$n_d = \frac{\frac{S}{P}-1}{i} \cdot 360 = \frac{\frac{26.000}{20.430}-1}{0,43} \times 360 = 228,2553$$

Resposta: 228 dias.

Usando a calculadora. $\dfrac{\frac{2.6000}{2.0430} - 1}{0,43} \times 360$

RPN	ALG
26000 [ENTER]	26000 [÷]
20430 [÷]	20430 [−]
1 [−]	1 [÷]
.43 [÷]	.43 [×]
360 [×]	360 [=]
⇒ 228,2553	⇒ 228,2553

3.5 Problemas

*As respostas se encontram no site do Grupo A: **www.grupoa.com.br**. Para acessá-las, basta buscar pela página do livro, clicar em "Conteúdo online" e cadastrar-se.*

1. Calcule os rendimentos referentes a uma aplicação financeira de R$ 1.470,00 aplicada em 95 dias à taxa de juros simples de 21% ao ano.

2. Calcule o capital necessário para que se consiga rendimentos de R$ 350,00 após 23 meses à taxa de juros simples de 23% ao ano.

3. Qual é a taxa anual de juros simples necessária para que uma aplicação de R$ 201.000,00 renda juros de R$ 43.000,00 em 412 dias?

4. Calcule o prazo, em dias, que uma aplicação de R$ 14.000,00 precisa permanecer no banco a fim de render juros de R$ 5.300,00 a uma taxa de juros simples de 17,50% ao ano.

5. Qual é o valor de resgate de uma aplicação, sabendo-se que o investimento inicial foi de R$ 32.500,00, o prazo foi de 118 dias e a taxa de juros simples foi de 2,3% ao mês?

6. Um título de crédito foi emitido pela Cia. ABC Ltda, em contrapartida a uma dívida assumida pela empresa junto a um Banco Brasileiro de Títulos. O valor de resgate do título é de R$ 18.000,00, cujo vencimento ocorrerá em 44 dias. Sabendo-se que foi utilizada a taxa de juros simples de 3% ao mês para a emissão do título, calcule o valor da dívida que deu origem a ele.

7. Um aplicador deseja transformar o capital de R$ 23.000,00 em R$ 29.997,88 em 556 dias. Qual é a taxa anual de juros simples que o aplicador deverá conseguir para alcançar seu objetivo?

8. Um casal pretende comprar um apartamento no valor de R$ 80.000,00, mas dispõe apenas de R$ 67.000,00. Se aplicar em uma poupança remunerada que rende a uma taxa de juros simples de 19% ao ano, quantos dias o casal deverá esperar até conseguir a quantia pretendida?

9. Um lojista contraiu um empréstimo junto a um banco no valor de R$ 8.450,00 para ser quitado após 7 meses, com uma taxa de juros simples de 4,8% ao mês. Qual é o valor de juros que o lojista terá de pagar?

10. Se um investidor deseja ter um ganho de R$ 750,00 em 45 dias, em uma aplicação cuja remuneração é feita à base da taxa de juros simples de 0,95% ao mês, qual é o capital que ele precisa aplicar?

11. Um banco de desenvolvimento emprestou a uma construtora R$ 1.200.000,00, para ser pago de uma só vez, após dois anos, o valor de R$ 1.560.000,00. Qual é a taxa anual de juros simples cobrada pelo banco?

12. Um aposentado deseja investir R$ 80.000,00 para obter uma renda de R$ 12.000,00 em uma aplicação que possui juros simples de 12% ao ano. Por quantos meses ele deve manter esse investimento?

13. Um funcionário aplicou seu 13º salário, de R$ 3.000,00, em um título que rende à taxa de juros simples de 7% ao ano. Qual foi o valor total resgatado pelo funcionário após 6 meses?

14. Após 155 dias, um aplicador resgatou o valor total de R$ 240.000,00 em uma aplicação com taxa de juros simples de 4% ao mês. Qual é o valor do capital que ele tinha aplicado?

15. O correntista de um banco aceitou a oferta de seu gerente e aplicou R$ 5.000,00 em um título de capitalização, resgatando-o depois de 2 meses com um valor total de R$ 5.040,00. Qual foi a taxa anual de juros simples da aplicação?

16. Uma senhora que vive de rendas deseja aplicar R$ 10.000,00 para ter, futuramente, um valor total de R$ 14.880,00. A aplicação que ela tem a sua disposição oferece uma taxa de juros simples de 8% ao ano. Durante quantos dias precisará aplicar para realizar seu desejo?

17. Calcule os rendimentos referentes a uma aplicação financeira de R$ 15.550,00, durante 78 dias, à taxa de juros simples de 18% ao ano.

18. Um banco que havia feito um empréstimo a um indivíduo recebeu de pagamento o valor total de R$ 86.800,00 após 90 dias, com uma taxa de juros simples anual de 39%. Qual foi o valor que o indivíduo tomou emprestado do banco?

19. Qual é a taxa de juros simples mensal necessária para que um investimento de R$ 70.000,00 renda R$ 14.700,00 de juros em 432 dias?

20. Calcule o capital necessário para que um aplicador obtenha rendimentos de R$ 8.490,00 após 24 meses, a uma taxa de juros simples de 9% ao ano.

21. Um investidor deseja aumentar seu capital de R$ 450.000,00 para R$ 1.090.000,00 em 15 anos. Qual é a taxa mensal de juros simples que o investidor precisará para alcançar seu desejo?

22. Qual é o valor de resgate de uma aplicação inicial de R$ 88.000,00 com prazo de 122 dias e taxa de juros simples de 4,2% ao mês?

23. Um bancário investiu todo o seu fundo de garantia, R$ 158.750,00, em uma aplicação com juros simples de 5% ao semestre e resgatou um total de R$ 225.500,00. Quantos meses transcorreram entre a aplicação e o resgate?

24. Um banco emprestou R$ 60.000,00 a uma organização privada, com prazo de 522 dias e a uma taxa de juros simples de 2,88% ao trimestre. Qual é o valor total que a organização deverá pagar ao banco no término desse prazo? Qual é o valor dos juros?

CAPÍTULO 4

JUROS COMPOSTOS

4.1 Introdução

Dinheiro investido em juros compostos cresce mais rápido do que quando aplicado em juros simples à mesma taxa de juros. Enquanto o cálculo dos juros simples é sempre baseado no principal original, os juros compostos são somados ao principal de modo a ampliar a base de cálculo dos juros dos próximos períodos. Assim, se tivermos um principal de R$ 100,00 a uma taxa de juros de 10% ao ano em juros simples, tanto os juros do primeiro ano quanto os do segundo serão R$ 10,00 ($P \cdot i = 100 \times 0,10$). Já nos juros compostos, haverá uma diferença entre os juros calculados no primeiro e no segundo ano. Enquanto no primeiro ano os juros serão R$ 10,00 ($P \cdot i = 100 \times 0,10 = 10,00$), semelhante aos juros simples, no segundo ano o cálculo será R$ 11,00 ($P \cdot i = 110 \times 0,10 = 11,00$). Essa diferença entre sistemas deve-se, nesse segundo ano, ao fato de que a base de cálculo dos juros compostos não é apenas o principal original, mas sim aquele principal acrescido dos juros calculados nos períodos passados, neste caso, os R$ 10,00 do primeiro ano.

> **CONCEITO 4.1** **Juros compostos** são juros calculados com base no principal original acrescido dos juros anteriormente calculados.

4.2 Fórmulas principais

De forma semelhante ao exemplo apresentado no capítulo anterior, vamos verificar a evolução da dívida com o mesmo financiamento, de R$ 10.000,00, a uma taxa de juros compostos de 30% ao ano, a ser pago ao final de 4 anos. O plano financeiro será:

Ano	Saldo inicial	Juros simples	Saldo final
1	10.000	$10.000 \times 0,30 = 3.000$	13.000
2	13.000	$13.000 \times 0,30 = 3.900$	16.900
3	16.900	$16.900 \times 0,30 = 5.070$	21.970
4	21.970	$21.970 \times 0,30 = 6.591$	28.561
		$J = \Sigma_1^n = 18.561$	$S = 28.561$

Tomando-se a mesma evolução de um empréstimo e mudando os valores pelas variáveis matemáticas que os representam, teremos o quadro abaixo, que, levado exaustivamente para uma data focal n, nos dará as principais fórmulas de juros simples:

	Saldo inicial	Juros	Saldo final
1	P	$P \cdot i$	$P + P \cdot i = P(1 + i)$
2	$P(1 + i)$	$(P + i) \cdot i$	$P(1 + i) + (P + i) \cdot i = P(1 + i)(P + i) = P(1 + i)^2$
3	$P(1 + i)^2$	$(P + i)^2 \cdot i$	$P(1 + i)^2 + (P + i)^2 \cdot i = P(1 + i)^2(P + i) = P(1 + i)^3$
4	$P(1 + i)^3$	$(P + i)^3 \cdot i$	$P(1 + i)^3 + (P + i)^3 \cdot i = P(1 + i)^3(P + i) = P(1 + i)^4$
...	...	...	...
n	$P(1 + i)^{n-1}$	$(P + i)^{n-1} \cdot i$	$P(1 + i)^{n-1} + (P + i)^{n-1} \cdot i = P(1 + i)^{n-1}(P + i) = P(1 + i)^n$
		$J = S - P$	$S = P(1 + i)^n$

Com base no comportamento dos juros compostos, obtemos as seguintes fórmulas principais:

Fórmula do montante:

$$S = P(1 + i)^n \tag{4.1}$$

e

$$J = S - P = P(1 + i)^n - P = P[(1 + i)^n - 1]$$

Fórmula dos juros:

$$J = P[(1 + i)^n - 1] \tag{4.2}$$

Pelas fórmulas encontradas e aplicadas ao financiamento dos R$ 10.000,00 utilizado como exemplo, obteremos $S = P(1 + i)^n = 10.000(1 + 0{,}30)^4 = 28.561{,}00$ e $J = S - P = 28.561 - 10.000 = 10.000[(1 + 0{,}30)^4 - 1] = 18.561{,}00$.

4.3 Comparativo entre juros simples e juros compostos

O empréstimo de R$ 10.000,00, a uma taxa de 30% ao ano, produz a seguinte evolução do montante em juros simples e compostos para 10 anos:

Ano	S (juros simples)	S (juros compostos)
0	10.000,00	10.000,00
1	13.000,00	13.000,00
2	16.000,00	16.900,00
3	19.000,00	21.970,00
4	22.000,00	28.561,00
5	25.000,00	37.129,30
6	28.000,00	48.268,09

Ano	S (juros simples)	S (juros compostos)
7	31.000,00	62.748,52
8	34.000,00	81.573,07
9	37.000,00	106.044,99
10	40.000,00	137.858,49

A representação gráfica das evoluções dos dois sistemas é:

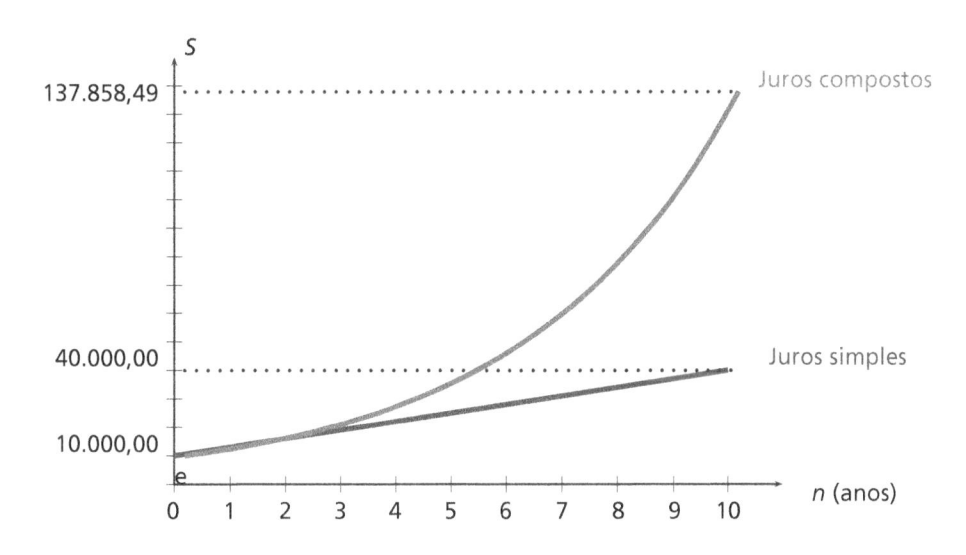

Enquanto o montante dos juros simples tem uma evolução linear, o dos juros compostos apresenta um crescimento exponencial. Os juros simples também são denominados **juros lineares**, enquanto os juros compostos são também chamados de **juros exponenciais**. Nos juros compostos, os valores dos montantes aumentam de acordo com uma progressão geométrica a partir do principal como primeiro termo e seguido dos demais a uma razão de $(1 + i)$.

4.4 Cálculo do montante

EXEMPLO 4.1 Qual é o valor de resgate de uma aplicação financeira de R$ 12.450,00 após 30 meses, a uma taxa de 4,50% ao mês?

Dados:
$S = ?$ (valor de resgate = montante)
$P = 12.450,00$
$i = 4,5\%$ (0,045) a.m.
$n = 30$ m

Solução:
$$S = P(1 + i)^n = 12.450(1 + 0{,}045)^{30} = 46.629{,}210775$$

Resposta:[1] O montante é de R$ 46.629,21.

> *Usando a calculadora.* $12.450(1 + 0{,}045)^{30}$

Modo **RPN**	Modo **ALG**ébrico	Modo **FIN**anceiro
1.045 ENTER	1.045 y^x	clear fin
30 y^x	30 ×	4.5 i
12450 ×	12450 =	30 n
⇒ 46.629,2108	⇒ 46.629,2108	12450 PV
		FV
		⇒ −46.629,2108

Veja que o valor encontrado pelo recurso pré-programado da calculadora financeira encontra um valor negativo. Isso se deve à interpretação de que todo empréstimo funciona como um fluxo de caixa: se o principal é positivo (entrada) significa que quem faz o cálculo é o tomador do empréstimo e, logo, deverá restituir o valor de resgate representando uma saída (negativo).

4.5 Cálculo do principal

> **EXEMPLO 4.2** Para que uma aplicação financeira atinja um saldo de R$ 50.000,00 após 720 dias, a uma taxa de juros compostos de 33% ao ano, qual deve ser o capital inicial?

Dados:
$P = ?$
$S = 50.000,00$
$i = 33\% \; (0{,}33)$ a.a.
$n = 720$ d

Antes de prosseguirmos, perguntamos:

1. Temos uma fórmula para P?

2. A taxa é anual e o prazo é em dias... O que fazemos?

Respostas:
Temos uma fórmula que envolve S, P, i e n, que é a Fórmula 4.1. A partir dela podemos obter uma fórmula para P isolando-a:

$$S = P(1+i)^n \Leftrightarrow \frac{S}{(1+i)^n} = \frac{P(1+i)^n}{(1+i)^n}$$

$$P = \frac{S}{(1+i)^n} \tag{4.3}$$

O prazo e a taxa devem estar sempre na mesma unidade de tempo e é sempre o prazo que deve ser convertido, e não a taxa.

Para converter o prazo, utilizamos a regra do banqueiro.

---

[1] As calculadoras financeiras facilitam o cálculo de juros compostos. Nos exemplos ao longo do livro, toda vez que for possível utilizar os recursos pré-programados das calculadoras, serão colocados os passos em uma coluna identificada com o título: **FIN**anceiro. No Apêndice A – "Um pouco mais sobre calculadoras", o estudante poderá encontrar mais referências.

Pela regra do banqueiro, um ano tem 360 dias; logo, o prazo $n = 720$ dias corresponde a

$$n = \frac{720}{360} = 2 \text{ anos}$$

Agora podemos voltar ao exemplo.

Para que uma aplicação financeira atinja um saldo de R$ 50.000,00 após 720 dias, a uma taxa de juros compostos de 33% ao ano, qual deve ser o capital inicial?

Dados:
$P = ?$
$S = 50.000,00$
$i = 33\% \ (0,33)$ a.a.
$n = 720 \text{ d} = \frac{720}{360} = 2 \text{ a}$

Solução:

$$P = \frac{S}{(1+i)^n} = \frac{50.000}{(1+0,33)^2} = 28.266,154107$$

Resposta: O capital inicial deve ser de R$ 28.266,15.

> Usando a calculadora. $\dfrac{50.000}{(1+0,33)^2}$

Modo **RPN**	Modo **ALG**ébrico	Modo **FIN**anceiro
50000 ENTER	50000 ÷	clear fin
1.33 ENTER	(1.33 y^x	33 i
2 y^x	2 =	2 n
÷	⇒ 28.266,1541	50000 FV
⇒ 28.266,1541		PV
		⇒ −28.266,1541

4.6 Cálculo da taxa

EXEMPLO 4.3 Uma dívida de R$ 15.000,00 foi resgatada por R$ 21.106,51 após 7 meses. Calcular a taxa mensal de juros compostos utilizada na operação.

Dados:
$i = ?$
$P = 15.000$
$S = 21.106,51$
$n = 7 \text{ m}$

Antes de prosseguirmos, temos uma fórmula para calcular a taxa? É necessário isolar i na Fórmula do montante, 4.1:

$$S = P(1+i)^n \Leftrightarrow \frac{S}{P} = (1+i)^n \Leftrightarrow \left(\frac{S}{P}\right)^{1/n} = ((1+i)^n)^{1/n} = 1+i$$

de onde segue que a taxa unitária i pode ser calculada pela fórmula

$$i = \left(\frac{S}{P}\right)^{1/n} - 1 \qquad (4.4)$$

Retomando o exemplo, a solução passa a ser:

Solução:

$$i = \left(\frac{S}{P}\right)^{1/n} - 1 = \left(\frac{21.106,51}{15.000}\right)^{1/7} - 1 = 0,05000002601 \therefore i = 0,05 \times 100\% = 5\%$$

Resposta: A taxa mensal de juros utilizada na operação foi de 5% ao mês.

> *Usando a calculadora.* $\left(\dfrac{21.106,51}{15.000}\right)^{1/7} - 1$

Modo **RPN**	Modo **ALG**ébrico	Modo **FIN**anceiro
21106.51 [ENTER]	21106.51 [÷]	[clear fin]
15000 [÷]	15000 [y^x]	21106.51 [FV]
7 [1/x]	7 [1/x]	7 [n]
[y^x]	[−]	15000 [CHS] [PV]
1 [=]		[i]
⇒ 0,0500...	⇒ 0,0500...	⇒ 5,000...

[PV] e [FV] devem ter sinais opostos. [CHS] troca o sinal fazendo a função da tecla [+/-] de algumas calculadoras.

4.7 Cálculo do prazo

> **EXEMPLO 4.4** Quantos meses são necessários para que uma aplicação de R$ 23.000,00 se acumule em um saldo de R$ 43.000,00 a uma taxa mensal de juros compostos de 3,5%?

Dados:
$n = ?$
$P = 23.000$
$S = 43.000$
$i = 3,5\%$ (0,035) a.m.

Antes de prosseguirmos, temos uma fórmula para o prazo?

É necessário isolar n na fórmula do montante. Para isso, temos que usar logaritmos e algumas de suas propriedades. Pode-se usar logaritmo em qualquer base, aqui vamos usar o logaritmo natural ln, que está programado na HP 12c.

$$S = P(1+i)^n$$
$$\frac{S}{P} = (1+i)^n$$
$$\ln\left(\frac{S}{P}\right) = \ln((1+i)^n)$$
$$\ln\left(\frac{S}{P}\right) = n \cdot \ln(1+i)$$

de onde concluimos que

$$n = \frac{\ln\left(\frac{S}{P}\right)}{\ln(1+i)} \tag{4.5}$$

Voltando ao exemplo, a solução pode ser encaminhada a seguir:

Solução:

$$n = \frac{\ln \frac{S}{P}}{\ln(1+i)} = \frac{\ln \frac{43.000}{23.000}}{\ln(1+0,035)} = 18,1884$$

Resposta: O prazo necessário é de 18,19 meses.

> *Usando a calculadora.* $\frac{\ln \frac{43.000}{23.000}}{\ln(1+0,035)}$

Modo **RPN**	Modo **ALG**ébrico	Modo **FIN**anceiro
43000 ENTER	43000 ÷	clear fin
23000 ÷	23000 =	43000 FV
LN	LN ÷	3.5 i
1.035 LN	1.035 LN	23000 CHS PV
÷	=	n
⇒ 18,1884	⇒ 18,1884	⇒ 18,1884

O modo financeiro não deve ser utilizado nas HP 12c para calcular prazo em juros compostos. Elas não calculam o prazo corretamente pelo recurso financeiro, arredondando e não apresentando a parte decimal do cálculo. No exemplo anterior, se sua calculadora for uma HP 12c, a resposta encontrada será 19,000, o que está errado. Para o modo financeiro, a calculadora HP 12c deve ter um C no visor. Para colocar o C no visor da HP 12c, deve-se teclar STO e, após, EEX.

4.8 Períodos não inteiros

EXEMPLO 4.5 Qual é o valor de resgate de uma aplicação financeira de R$ 10.000,00 após 900 dias, a uma taxa de 100% ao ano?

Dados:
$S = ?$
$P = 10.000,00$
$i = 100\% \ (1,00)$ a.a.
$n = 900 \text{ d} = \frac{900}{360}$ a

Solução:

$$S = P(1+i)^n = 10.000(1+1,00)^{\frac{900}{360}} = 56.568,54249$$

Resposta: O valor de resgate é de R$ 56.568,54.

> *Usando a calculadora.* $10.000(1+1,00)^{\frac{900}{360}}$

Modo **RPN**	Modo **ALG**ébrico	Modo **FIN**anceiro
2 [ENTER]	2 [y^x]	[clear fin]
900 [ENTER]	( ) 900 [÷] 360 ( )	100 [i]
360 [÷]	[×]	900 [ENTER] 360 [÷] [n]
[y^x]	10000 [=]	10000 [PV]
10000 [×]	⇒ 56.568,54249...	[FV]
⇒ 56.568,54249...		⇒ –56.568,54249...

Quando o prazo é dado em períodos não inteiros, temos a possibilidade de aplicar a exponenciação (C no visor da HP 12c), caso seja considerado que os juros também são exponenciais na fração do tempo, ou a linearidade, caso seja entendido que se aplica juros simples no período não inteiro (sem o C no visor da HP 12c). Como em geral essas regras não estão claras nos contratos, configura-se o que se denominou convenções. Considerando que o prazo n pode ser desdobrado em uma parte inteira k e outra parte fracionária $\frac{f}{q}$, temos as seguintes possibilidades:

- Convenção exponencial: $S = P(1+i)^{k+\frac{f}{q}} = P(1+i)^n$

- Convenção linear:

$$S = P(1+i)^k \cdot (1 + i \cdot \frac{f}{q}) \qquad (4.6)$$

O exemplo anterior foi resolvido pela convenção exponencial. Para a convenção linear, teremos:

Solução:

$$n = k + \frac{f}{q} = \frac{900}{360} = 2 + \frac{180}{360}$$

Logo, $k = 2$ e $\frac{f}{q} = \frac{180}{360}$ ou $\frac{f}{q} = 0,5$. Portanto

$$S = P(1+i)^k \cdot (1 + i \cdot \frac{f}{q}) = 10.000(1+1,00)^2 \times (1 + 1,00 \times \frac{180}{360}) = 60.000,00000...$$

Resposta: R$ 60.000,00.

Usando a calculadora. $10.000(1+1,00)^2 \times (1 + 1,00 \times \frac{180}{360})$

Modo **RPN**	Modo **ALG**ébrico	Modo **FIN**anceiro
2 ENTER	2 y^x	clear fin
2 y^x	2 ×	100 i
180 ENTER 360 ÷	((180 ÷ 360)	900 ENTER 360 ÷ n
1 ×	× 1 +	10000 PV
1 +	1)	FV
10000 ×	× 10000	⇒ −60.000,00000...
×	=	
⇒ 60.000,00000...	⇒ 60.000,00000...	

Apenas a calculadora HP 12c tem essa fórmula pré-programada e deve estar sem o C no visor (para colocar ou retirar o C do visor, deve-se teclar STO e, após, EEX).

Observe que, ao contrário do que se costuma pensar, no caso de períodos não inteiros, quando se calcula a parte fracionária, os juros e, portanto, o montante são maiores do que pela convenção exponencial.

A representação gráfica da evolução de cada uma das convenções é:

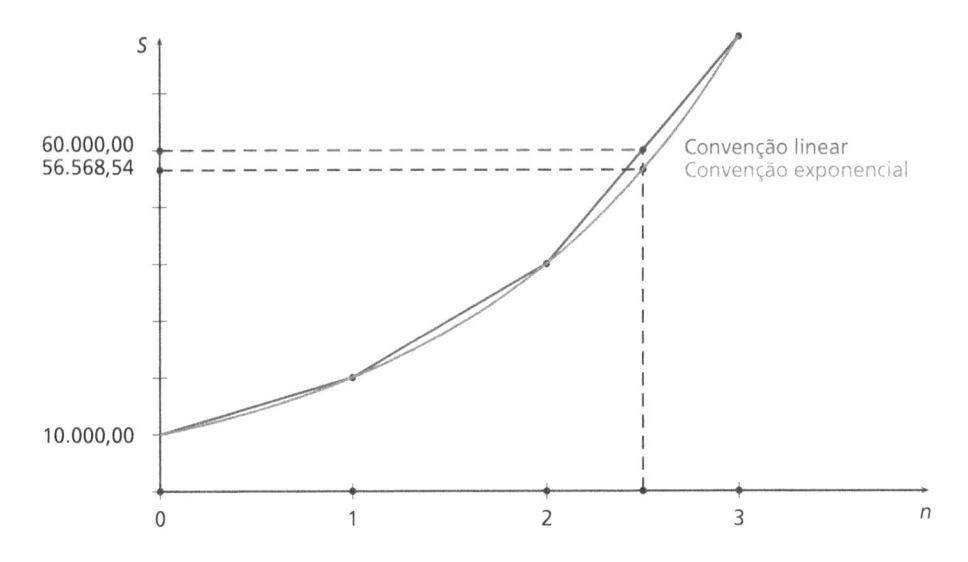

4.9 Problemas

*As respostas se encontram no site do Grupo A: **www.grupoa.com.br**. Para acessá-las, basta buscar pela página do livro, clicar em "Conteúdo online" e cadastrar-se.*

1. Uma pessoa aplicou R$ 10.000,00 durante 4 anos. Sabendo que a aplicação rendeu juros compostos à taxa de 19% ao ano, calcule o valor de resgate da aplicação.

2. Em 02/07/2001, uma empresa aplicou R$ 23.000,00 a uma taxa de juros compostos de 21% ao ano. Calcule o valor do resgate da aplicação sabendo que ela foi efetuada em 02/01/2002.

3. Calcule o valor de resgate da aplicação do problema anterior utilizando a convenção linear para períodos não inteiros.

4. Uma financeira emprestou a uma loja de eletrodomésticos a quantia de R$ 35.000,00, a uma taxa de juros compostos de 3,8% ao mês, durante 150 dias. Calcule os juros pagos pela loja.

5. Um banco financiou a uma construtora a quantia de R$ 500.000,00 a uma taxa de juros compostos de 4,5% ao mês. Sabendo-se que a dívida foi resgatada em 180 dias, calcule os rendimentos obtidos pelo banco na operação.

6. Um pensionista aplicou a quantia de R$ 500,00 em uma caderneta de poupança. Sabendo-se que a referida poupança rende a taxa de juros compostos de 0,5% ao mês, calcule o saldo que o pensionista teria após 6 meses.

7. Convenção exponencial: uma pessoa depositou, em uma conta poupança, R$ 1.560,00. Sabendo-se que a conta rende juros compostos à taxa de 7,5% ao trimestre, calcule o saldo da conta após 19 meses.

8. Convenção exponencial: qual é o capital que, após 2,5 anos, transforma-se em R$ 460,00 a uma taxa composta de juros de 9% ao trimestre?

9. Convenção exponencial: qual é a taxa mensal de juros composta aplicada em uma operação em que um banco promete multiplicar por 5 o capital aplicado após 1 ano?

10. Convenção exponencial: quantos meses um capital leva para se converter a 4 vezes o original com uma taxa composta mensal de 4,5%?

11. Convenção exponencial: para se atingir um saldo de R$ 2.105,00 ao final de 6 anos, à taxa de 5,8% ao semestre, qual é o principal necessário?

12. Convenção exponencial: calcule o saldo de uma aplicação de R$ 7.800,00 após 44 dias à taxa de juros compostos de 8,8% ao mês.

13. Convenção exponencial: calcule a taxa mensal de juros compostos a que um capital de R$ 6.530,00 está aplicado para se transformar em R$ 8.400,00 ao final de 3,7 anos.

14. Calcule a quantia necessária a ser aplicada por um estudante, a uma taxa de juros compostos de 1,7% ao mês, sabendo-se que ele deseja comprar um carro daqui a 2 anos no valor de R$ 15.000 com o resgate da aplicação.

15. Após 8 meses, uma aplicação de R$ 1.200,00 foi resgatada por R$ 1.450,71. Calcule a taxa mensal de juros compostos obtida pela aplicação.

16. Qual é a taxa mensal de juros compostos aplicada a uma operação em que o capital dobra em 2 anos?

17. Um banco oferece a seus clientes um fundo de renda fixa com remuneração a uma taxa de juros compostos de 0,9% ao mês. Calcule o prazo, em meses, necessário para que uma empresa consiga acumular R$ 20.000,00 a partir de um depósito de R$ 12.000,00.

18. Convenção linear: uma pessoa depositou em uma conta poupança R$ 4.600,00. Sabendo-se que a conta rende juros compostos à taxa de 7,6% ao trimestre, calcule o saldo após o 17º mês.

CAPÍTULO 5

TAXAS

5.1 Introdução

Na prática comercial e bancária, o termo **taxa** tem sido utilizado com diversos significados e em diferentes situações. Assim, é importante distinguir algumas dessas situações para que se possam aplicar os conceitos e as fórmulas adequadamente.

5.1.1 Diversas abordagens sobre taxas de juros

Algumas das abordagens mais frequentes são:

- **Quanto à comparação entre taxas:**
    - Taxas proporcionais entre si
    - Taxas equivalentes entre si
- **Quanto à forma de capitalização:**
    - Taxas de juros simples
    - Taxas de juros compostos
        - Taxas efetivas
        - Taxas nominais
- **Em ambiente inflacionário:**
    - Taxas aparentes
    - Taxas de inflação ou de correção monetária
    - Taxas reais
- **Em operações de desconto:**
    - Taxas racionais ou *taxas por dentro*
    - Taxas de desconto ou *taxas por fora*

5.2 Taxas proporcionais

CONCEITO 5.1 Duas taxas de juros são ditas **proporcionais entre si** quando a relação de seus valores é a mesma que existe entre os tempos representados por elas (DAL ZOT, 2008, p. 32; ASSAF NETO, 2009, p. 8).

Por exemplo: 6% ao ano é uma taxa proporcional a 3% ao semestre porque $\frac{6\%}{3\%} = \frac{1a}{1s} = \frac{2s}{1s} = 2$.

Outros exemplos de taxas proporcionais entre si:

- 12% a.a. e 1% a.m.
- 24% a.t. e 8% a.m.

Observe que a existência de proporcionalidade entre duas taxas é uma propriedade intrínseca a elas e independe do regime de capitalização dos juros.

5.3 Taxas equivalentes

CONCEITO 5.2 Duas taxas de juros são denominadas **equivalentes entre si** quando, aplicadas sobre um mesmo capital, durante um mesmo período de tempo, reproduzem a mesma quantia de juros ou o mesmo montante (DAL ZOT, 2008, p. 33; ASSAF NETO, 2009, p. 8; SAMANEZ, 2002, p. 49).

No caso da equivalência de taxas, devemos considerar as diferenças entre os regimes de juros simples e compostos, uma vez que, nas mesmas condições, eles reproduzem juros diferentes.

Assim, duas taxas podem ser equivalentes em um regime (simples ou composto), mas não o serão no outro.

5.3.1 Juros simples

Vamos examinar a condição de equivalência ($\leftrightarrow$) entre as taxas mensal (i_m) e anual (i_a) no regime de juros simples. Para que elas sejam equivalentes, devem reproduzir os mesmos juros, logo, o mesmo montante. Se considerarmos uma aplicação P após o período de 1 ano, teremos as seguintes equações:

$i_a \leftrightarrow i_m$ se, e somente se, garantirem a igualdade das equações a seguir:

$S = P(1 + i_a \cdot 1)$ e $S = P(1 + i_m \cdot 12)$

ou $i_a \cdot 1 = i_m \cdot 12$

Logo, para que $i_a \leftrightarrow i_m$, devemos ter $\boxed{i_a = i_m \cdot 12}$.

Verifica-se que a relação entre as taxas equivalentes, i_a e i_m, é o número 12, que é justamente a relação de proporcionalidade entre as unidades dos prazos (1 ano tem 12 meses), ou seja, para essas taxas serem equivalentes, também devem ser proporcionais.

Em juros simples, duas taxas são equivalentes entre si se, e somente se, forem proporcionais entre si.

Generalizando, as taxas i_1 e i_2 serão equivalentes entre si, em juros simples, considerando-se um prazo medido por n_1, na unidade de tempo de i_1, e n_2, na unidade de tempo de i_2, que satisfaça as seguintes equações:

$S = P(1 + i_1 \cdot n_1)$ e $S = P(1 + i_2 \cdot n_2)$

Resumindo:

> **Juros simples**: $i_1 \leftrightarrow i_2$ se, e somente se, $i_1 \cdot n_1 = i_2 \cdot n_2$

EXEMPLO 5.1 Calcular a taxa trimestral equivalente a 13,50% a.a., em juros simples.

Dados:
$i_a = 13{,}50\% \ (0{,}135)$ a.a.
$i_t = ?$

Solução:
$i_t \cdot 4 = i_a \cdot 1$ (1 ano tem 4 trimestres)
$i_t = \frac{i_a}{4}$
$i_t = \frac{0{,}135}{4} = 0,0337500 = 3{,}37500\%$

Resposta: 3,38% a.t.[1]

5.3.2 Juros compostos

Considere as equações a seguir:

$$S_1 = P(1 + i_a)^1$$

$$S_2 = P(1 + i_m)^{12}$$

No regime de **juros compostos**, para que ocorra equivalência entre as taxas mensal e anual, $i_m \leftrightarrow i_a$, é necessário que $S_1 = S_2$, ou seja:

$(1 + i_a)^1 = (1 + i_m)^{12}$, de onde podemos concluir que:

> $i_a = (1 + i_m)^{12} - 1$

e

> $i_m = (1 + i_a)^{\frac{1}{12}} - 1$

Observe que, nos juros compostos, a relação entre os prazos encontra-se num expoente. Generalizando, as taxas i_1 e i_2 serão equivalentes entre si, considerando-se um prazo medido por n_1, na unidade de tempo de i_1, e n_2, na unidade de tempo de i_2, que satisfaça as equações:

$S = P(1 + i_1)^{n_1}$ e $S = P(1 + i_2)^{n_2}$

---

[1] Note que a resposta foi dada em taxa percentual com duas decimais, sendo essa a forma mais usual e a adotada como padrão neste livro, salvo menção em contrário.

Logo:

> **Juros compostos:** $i_1 \leftrightarrow i_2$ se, e somente se, $(1+i_1)^{n_1} = (1+i_2)^{n_2}$

Taxas proporcionais, em geral, não são equivalentes no regime de juros compostos.

EXEMPLO 5.2 Calcular a taxa anual equivalente a 9% ao trimestre em juros compostos.

Dados:
$i_a = ?$
$i_t = 9\% \ (0,09)$ a.t.
$n = 1a \to n_1 = 1a \equiv n_2 = 4t$ (Toma-se o prazo de 1 ano como referência para a comparação entre as taxas. Ao utilizarmos a taxa anual, consideramos o tempo em 1 ano e, para a taxa trimestral, 4 trimestres.)

Solução:
$$(1+i_a)^1 = (1+i_t)^4 \leftrightarrow i_a = (1+i_t)^4 - 1$$
$$i_a = (1+0,09)^4 - 1 = 0,411582$$

Resposta: 41,16% a.a.

Usando a calculadora. $(1+0,09)^4 - 1$

ALG	RPN
1.09 y^x	1.09 ENTER
4 $-$	4 y^x
1 =	1 $-$
$\Rightarrow 0,411582$	$\Rightarrow 0,4115821$

EXEMPLO 5.3 Calcular a taxa mensal equivalente a 14% ao semestre em juros compostos.

Dados:
$i_m = ?$
$i_s = 14\% \ (0,14)$ a.s.
$n = 1s \to n_1 = 1s \equiv n_2 = 6m$ (Toma-se o prazo de 1 semestre como referência para a comparação entre as taxas. Ao utilizarmos a taxa semestral, consideramos o tempo em 1 semestre e, para a taxa mensal, 6 meses.)

Solução:
$$(1+i_m)^6 = (1+i_s)^1 \leftrightarrow (1+i_m)^1 = (1+i_s)^{\frac{1}{6}} \leftrightarrow i_m = (1+i_s)^{\frac{1}{6}} - 1$$
$$i_m = (1+0,14)^{\frac{1}{6}} - 1 = 0,022078$$

Resposta: 2,21% a.m.

Usando a calculadora. $(1+0{,}14)^{\frac{1}{6}}-1$

ALG	RPN
1.14 $\boxed{y^x}$	1.14 $\boxed{\text{ENTER}}$
6 $\boxed{1/x}$ $\boxed{-}$	6 $\boxed{1/x}$ $\boxed{y^x}$
1 =	1 $\boxed{-}$
$\Rightarrow 0{,}022078$	$\Rightarrow 0{,}022078$

Outra maneira de calcular taxas equivalentes em juros compostos é utilizar os recursos pré-programados existentes nas calculadoras financeiras. Parte-se do conceito de taxas equivalentes, da escolha de um principal qualquer (R$ 100,00, por exemplo) e de um prazo de duração (normalmente o correspondente à taxa de maior prazo) como referência de comparação. Os cálculos são feitos em duas etapas:

- Primeiro se calcula o montante considerando o principal escolhido, a taxa de juros conhecida e o prazo de 1 ano ajustado à unidade de tempo da taxa conhecida.

- Depois se calcula a taxa equivalente à taxa informada a partir dos dados anteriores (mesmo principal, mesmo montante e mesmo prazo), ajustando apenas a quantidade do prazo à unidade de tempo da taxa.

Calcular as taxas equivalentes nos exemplos anteriores usando o recurso pré-programado para juros compostos da calculadora financeira.

Exemplo 2	Exemplo 3
$\boxed{\text{clear fin}}$	$\boxed{\text{clear fin}}$
100 $\boxed{\text{PV}}$	100 $\boxed{\text{PV}}$
9 $\boxed{i}$	14 $\boxed{i}$
4 $\boxed{n}$	1 $\boxed{n}$
$\boxed{\text{FV}} \Rightarrow -141{,}158161$	$\boxed{\text{FV}} \Rightarrow -114{,}000000$
1 $\boxed{n}$	6 $\boxed{n}$
$\boxed{i} \Rightarrow 41{,}158161$	$\boxed{i} \Rightarrow 2{,}207824$

Observe que as respostas em taxas, quando utilizado o recurso pré-programado das calculadoras financeiras, são dadas no formato percentual.

5.4 Taxa nominal

Na prática comercial e bancária, há duas maneiras de enunciar problemas em juros compostos. Seja o exemplo de um empréstimo de R$ 100,00, durante um ano, podemos enunciá-lo:

- Calcular o valor de resgate de um empréstimo de R$ 100,00, após 1 ano, à taxa de juros compostos de 12% ao ano.

- Calcular o valor de resgate de um empréstimo de R$ 100,00, após 1 ano, à taxa de juros compostos de 12% ao ano, capitalizados (compostos) mensalmente.

Para o primeiro caso, usamos como solução a equação conhecida: $S = P(1 + i_a)^1 = 100(1 + 0{,}12) = 112{,}00$. Observe que o juro calculado foi exatamente o esperado: 12% sobre o capital emprestado. A taxa que reproduz juros correspondentes ao percentual esperado é denominada **taxa efetiva** (DAL ZOT, 2008, p. 71; PUCCINI, 2009, p. 62).

Já na segunda situação temos uma novidade: a simultaneidade de duas unidades de tempo diferentes (ano e mês) na referência da taxa (ao ano, mas capitalizados mensalmente) indica, pela prática secular desse enunciado, que se deve usar uma taxa de juros compostos de 1% ao mês! Assim, teremos $S = P(1 + i)^n = 100(1 + 0{,}01)^{12} = 112{,}68$. Nesse caso, o resultado foi 12,68% sobre o capital emprestado, bem diferente da taxa enunciada. Quando isso ocorre, a taxa do enunciado é denominada **taxa nominal** (PUCCINI, 2009, p. 73; SAMANEZ, 2002, p. 37).

> **CONCEITO 5.3** Denomina-se **taxa nominal (i_N)** a toda taxa de juros que é apresentada com um período de capitalização diferente da unidade de tempo da taxa.

A taxa nominal não expressa adequadamente o rendimento ou custo de um empréstimo ou aplicação financeira. Logo, quando ela ocorre, deve-se encontrar a taxa efetiva correspondente.

O enunciado sugere que uma taxa efetiva é a taxa proporcional da taxa nominal no período de capitalização.

Para calcular a taxa efetiva a partir de uma taxa nominal, deve-se seguir os seguintes passos:

- **Passo 1:** encontrar a taxa proporcional à taxa nominal do enunciado: ela é a taxa efetiva do problema na unidade de tempo correspondente ao período de capitalização:
  no exemplo $i = \frac{i_N}{\text{períodos de capitalização}} = \frac{0{,}12}{12} = 0{,}0100 = 1{,}00\%$ a.m.

- **Passo 2:** por meio da equivalência em juros compostos, encontrar a taxa efetiva na unidade de tempo desejada: no exemplo $i_a = (1 + 0{,}01)^{12} - 1 = 0{,}126825 = 12{,}68\%$ a.a.

Observe que, uma vez encontrada uma taxa efetiva a partir de um enunciado contendo taxa nominal, todas as demais taxas equivalentes em juros compostos são taxas efetivas do problema (VIEIRA SOBRINHO, 2000, p. 191).

> **EXEMPLO 5.4** Calcular a taxa efetiva anual de 10% ao ano, compostos mensalmente.

Dados:
$i = ?$
$i_N = 10\%$ (0,10) a.a. cap. mens.[2]

Solução:

$$i = \left(1 + \frac{i_N}{12}\right)^{12} - 1$$

$$i = \left(1 + \frac{0{,}10}{12}\right)^{12} - 1 = 0{,}104713$$

Resposta: 10,47%.

---

[2] Observe que é fundamental a identificação do período de capitalização na taxa nominal.

Usando a calculadora. $(1 + \frac{0,10}{12})^{12} - 1$

ALG	RPN	FIN
.10 ÷	.10 ENTER	clear fin
12 +	12 ÷	10 ENTER
1 y^x	1 +	12 ÷ i
12 −	12 y^x	100 PV
1 =	1 −	12 n
⇒ 0,104713	⇒ 0,104713	FV
		1 n
		i
		⇒ 10,4713

EXEMPLO 5.5 Calcular a taxa efetiva anual correspondente à taxa de juros de 12% ao semestre, compostos trimestralmente.

Dados:
$i = ?$
$i_N = 12\% \ (0,12)$ a.s. cap. trim.

Solução:

$$i = (1 + \frac{i_N}{2})^4 - 1$$

$$i = (1 + \frac{0,12}{2})^4 - 1 = 0,262477$$

Resposta: 26,25.

Usando a calculadora. $(1 + \frac{0,12}{2})^4 - 1$

ALG	RPN	FIN
.12 ÷	.12 ENTER	clear fin
2 +	2 ÷	12 ENTER
1 y^x	1 +	2 ÷ i
4 −	4 y^x	100 PV
1 =	1 −	4 n
⇒ 0,262477	⇒ 0,262477	FV
		1 n
		i
		⇒ 26,2477

EXEMPLO 5.6 Calcular o valor de resgate de uma aplicação financeira de R$ 43.000,00 à taxa de 8% ao ano, compostos mensalmente, após 7 meses.

Dados:
$S = ?$
$P = 43.000$
$n = 7$ m
$i_N = 8\% \ (0,08)$ a.a. cap. mens.

Solução:
$S = P(1 + i)^n$, mas como i é uma taxa efetiva e a taxa conhecida é uma taxa nominal, i_N, substitui-se $i = \dfrac{i_N}{12}$, ajustando-se n à unidade do período de capitalização. Passamos de uma taxa anual para uma mensal, dividindo a taxa anual nominal por 12 que é o número de meses que tem um ano. Logo,

$$S = P\left(1 + \dfrac{i_N}{12}\right)^n = 43.000\left(1 + \dfrac{0,08}{12}\right)^7 = 45.047,2489107$$

Resposta: R$ 45.047,25.

Usando a calculadora. $43.000\left(1 + \dfrac{0,08}{12}\right)^7 - 1$

ALG	RPN	FIN
.08 ÷	.08 ENTER	clear fin
12 +	12 ÷	8 ENTER
1 y^x	1 +	12 ÷ i (RPN)
7 ×	7 y^x	43000 PV
43000 =	43000 ×	7 n
⇒45.047,2489...	⇒45.047,2489...	FV ⇒ -45.047,2489...

Caso o problema envolva a convenção linear para períodos não inteiros, a fórmula que teremos que substituir, $i = \dfrac{i_N}{12}$, passa a ser $S = P(1+i)^k \cdot \left(1 + i\dfrac{f}{q}\right)$, onde k é a parte inteira de n e $\dfrac{f}{q}$ sua parte fracionária, conforme o Capítulo "Juros Compostos".

EXEMPLO 5.7 Qual é o valor de resgate de uma aplicação de R$ 27.000,00, à taxa de 10% ao ano, compostos trimestralmente, após 285 dias (considerando-se a convenção linear para períodos não inteiros).

Dados:
$S = ?$
$P = 27.000$
$i_N = 10\% \ (0,10)$ a.a. cap. trim.
$n = 285$ d

Solução:

1. Transforma-se a taxa nominal em efetiva: $i = \dfrac{0,10}{4}$ a.t.

2. Adequa-se o prazo para trimestres: $n = \dfrac{285}{90}\text{t} = \dfrac{270+15}{90}\text{t} = 3\text{t} + \dfrac{15}{90}\text{t}$

3. Fórmula da convenção linear: $S = P(1+i)^k \cdot (1 + i \cdot \dfrac{f}{q}) = 27.000(1 + \dfrac{0,10}{4})^3 \times (1 + \dfrac{0,10}{4} \times \dfrac{15}{90}) = 29.197,19707\ldots$

Resposta: R$ 29.197,20.

Usando a calculadora. $27.000(1 + \dfrac{0,10}{4})^3 \times (1 + \dfrac{0,10}{4} \times \dfrac{15}{90})$

ALG	RPN	FIN
.1 ÷ 4 + 1	.1 ENTER 4 ÷ 1 +	clear fin
y^x 3 × (	3 y^x	10 ENTER 4 ÷ i
.1 ÷ 4 ×	.1 ENTER 4 ÷	285 ENTER 90 ÷ n
15 ÷ 90 + 1)	15 × 90 ÷ 1 +	27000 PV
× 27000 =	× 27000 ×	FV
⇒29.197,19707…	⇒29.197,19707…	⇒29.197,19707…

O recurso financeiro pré-programado para a convenção linear está disponível apenas nas calculadoras HP 12c; para usá-lo, é necessário que o visor não tenha a letra C, indicador de convenção exponencial (para se tirar ou colocar a opção deve-se teclar STO seguido de EEX).

Onde a taxa nominal é utilizada?

- A nível internacional, predomina o uso da taxa nominal; logo, contratos de financiamento em moeda estrangeira são feitos com taxas nominais.

- A poupança no Brasil, durante longos períodos, além de correção monetária, remunerava a uma taxa de juros juros de 6% a.a., capitalizados mensalmente, que equivale às taxas efetivas de 0,5% a.m. ou 6,17% a.a.

- No mercado financeiro, a taxa-*over* de 3% a.m., de uma determinada aplicação, significa que a taxa diária da referida aplicação foi de 0,1% ($i_\text{d} = \dfrac{0,03}{30} = 0,001$).

- O BNDES e a maioria do sistema financeiro brasileiro preferem o uso de taxas efetivas.

- A Caixa Econômica Federal tem por hábito indicar em seus contratos ambas as taxas, nominal e efetiva, fazendo menção explícita a elas.

5.5 Taxas de inflação

Em ambiente de inflação, é importante se desdobrar a taxa efetiva em duas partes, a que corresponde ao componente meramente inflacionário e a dos juros propriamente ditos. Temos, então, as seguintes taxas:

- **Taxa aparente de juros** é a taxa efetiva de juros contendo, porém, o componente da inflação.

- **Taxa de correção monetária** corresponde à atualização da perda de poder aquisitivo do dinheiro pela inflação.

- **Taxa real de juros** é também uma taxa efetiva de juros, mas sem o componente da inflação.

A Matemática Financeira costuma dedicar um tópico específico para o estudo da inflação. Neste livro, a matemática financeira da inflação será examinada no Capítulo "Correção monetária".

5.6 Taxas de desconto

Quando partimos de uma quantia futura conhecida, geralmente um direito creditício ou dívida, e queremos descobrir quanto essa quantia vale hoje (qual é o seu valor presente ou valor atual), utilizamos as denominadas **taxas de desconto**.

As taxas de desconto podem ser classificadas em:

- **Taxas de desconto racional ou por dentro**: são as taxas de juros, simples ou compostos, já vistas nos tópicos anteriores.

- **Taxas de desconto bancário**: podem ser de juros simples ou compostos, predominando o primeiro e, praticamente, inexistindo o segundo.

Este livro dedica o Capítulo "Descontos" para o estudo das taxas de descontos.

5.7 Problemas

*As respostas se encontram no site do Grupo A: **www.grupoa.com.br**. Para acessá-las, basta buscar pela página do livro, clicar em "Conteúdo online" e cadastrar-se.*

1. O gerente do banco informou ao seu cliente que a aplicação teria juros simples semestrais de 4,2%. No entanto, o cliente não está familiarizado com taxas semestrais. Quais são os valores das taxas mensais e anuais equivalentes a esta em juros simples?

2. Calcule as taxas mensal, trimestral e anual equivalentes a 24% ao semestre, em juros simples.

3. Calcule as taxas anuais equivalentes, em juros compostos, a:
   - 5% ao mês
   - 20% ao bimestre
   - 4% ao trimestre
   - 12% ao semestre

4. Calcule as taxas mensais equivalentes, em juros compostos, a:
   - 42% ao ano
   - 15% ao bimestre
   - 22% ao trimestre
   - 17% ao semestre

5. Calcule as taxas efetivas anuais de:
   - 11% ao ano, capitalizados trimestralmente
   - 14% ao ano, compostos mensalmente
   - 6% ao semestre, compostos mensalmente

6. Qual é a taxa bimestral equivalente a 42% ao semestre em juros compostos?

7. Calcule a taxa anual equivalente a 17% ao trimestre em juros compostos.

8. Calcule a taxa efetiva anual de 15% ao ano, compostos semestralmente.

9. Calcule a taxa efetiva anual de 13,5% ao ano, compostos trimestralmente.

10. Qual é o capital necessário para acumular R$ 1.100,00 em 33 meses à taxa de 35% ao ano e capitalizados de 3 em 3 meses?

CAPÍTULO 6
DESCONTOS

6.1 Introdução

CONCEITO 6.1 Entende-se por **desconto** "[...] o abatimento que se obtém ao saldar um compromisso antes de sua data de vencimento e por descontar o ato acima descrito." (ASSAF NETO, 2009, p. 38; DAL ZOT, 2008, p. 75)

Normalmente os compromissos com vencimento no futuro são originários de empréstimos anteriores e são representados por documentos denominados **títulos de crédito**, que, desempenhando papel semelhante ao dos contratos, asseguram legalmente os direitos dos credores.

Os títulos de crédito possuem regras legais que preveem sua negociação de modo a facilitar a antecipação dos direitos futuros por meio da **operação de desconto**.

Dentre os títulos mais conhecidos, encontram-se duplicatas, notas promissórias, certificados de depósito bancário e letras de câmbio.

Uma empresa, ao descontar um título de crédito junto a um banco, recebe um valor inferior ao que o título irá valer no seu vencimento. O valor líquido recebido se denomina **valor descontado**, **principal** ou **valor presente** do título. A diferença entre valor líquido recebido e valor nominal do título é o **desconto**.

O valor do título no vencimento é o seu **valor de resgate**, **valor nominal** ou **valor futuro**.

Alguns pontos se destacam na operação de desconto do ponto de vista da empresa que se desfaz do título de crédito:

- Da parte do possuidor ou credor do título, a operação de desconto significa a antecipação da riqueza nele expressa; em troca, é oferecido um desconto de seu valor nominal (ou de resgate).

- A operação de desconto pode ser comparada a um empréstimo, pois existe um principal (valor descontado = valor nominal menos o desconto), um prazo e um valor futuro (montante, valor nominal, valor de resgate do título).

Pontos de destaque na operação de desconto do ponto de vista do banco que adquire o título:

- Da parte do banco comprador do título, a operação é semelhante a uma aplicação financeira cujo principal é o valor pago à vista pelos títulos (valor descontado ou valor presente) e o rendimento é o desconto recebido (mesmo que juros).

- Na data de vencimento, o banco que o descontou receberá o valor nominal do título de crédito que equivale ao montante do principal oferecido na sua aquisição.

6.2 Simbologia

O objetivo primordial do cálculo financeiro nas operações de descontos é encontrar o principal (valor presente ou valor atual) dos títulos de crédito (principal = valor de resgate − desconto).

Símbolos mais utilizados

- D = desconto

- P = principal, valor descontado, valor atual, valor presente (nas calculadoras financeiras: PV)

- S = valor de resgate, valor nominal, valor futuro, montante (nas calculadoras financeiras: FV)

6.3 Desconto bancário simples

CONCEITO 6.2 Um dos tipos mais conhecidos de desconto é o desconto bancário simples. Nele, o **valor presente** (P) de um título de crédito é obtido por:

$$P = S - D \qquad (6.1)$$

e

$$D = S \cdot d \cdot n \qquad (6.2)$$

onde
S = valor de resgate, valor de face, valor nominal ou valor futuro do título a ser descontado
d = taxa de desconto bancário simples
n = prazo entre o desconto e o vencimento do título

6.4 Cálculo do desconto (D)

EXEMPLO 6.1 Calcular o valor do desconto de duplicatas cujo valor nominal é de R$ 23.000,00, descontadas a uma taxa de desconto bancário simples de 5% ao mês, 38 dias antes do vencimento.

Dados:
$D = ?$
$S = 23.000$
$n = 38 \text{ d} = \dfrac{38}{30} \text{ m}$
$d = 5\% \, (0,05)$ a.m.

Solução:

$$D = S \cdot d \cdot n = 23.000 \times 0,05 \times \dfrac{38}{30} = 1.456,66666\ldots$$

Resposta: R$ 1.456,67.

Usando a calculadora. $23.000 \times 0,05 \times \dfrac{38}{30}$

ALG	RPN
23000 ×	23000 ENTER
.05 ×	.05 ×
38 ÷	38 ×
30 =	30 ÷
⇒ 1.456,66666667	⇒ 1.456,66666667

6.5 Cálculo do valor descontado (P)

EXEMPLO 6.2 Uma empresa descontou duplicatas no valor de face de R$ 18.700,00 com 52 dias de antecedência do vencimento, a uma taxa de desconto bancário simples de 4,5% ao mês, e deseja saber o valor líquido recebido na operação.

Dados:
$P = ?$
$S = 18.700$
$n = 52 \text{ d} = \dfrac{38}{30} \text{ m}$
$d = 4,5\% \, (0,045)$ a.m.

Solução:
Como $D = S \cdot d \cdot n$ e $P = S - D$, pode-se formular: $P = S - S \cdot d \cdot n$ ou

$$P = S(1 - d \cdot n) \tag{6.3}$$

$$P = S(1 - d \cdot n) = 18.700 \left(1 - 0,045 \times \dfrac{52}{30}\right) = 17.241,40000000$$

Resposta: R$ 17.241,40.

Usando a calculadora. $18.700(1 - 0{,}045 \times \frac{52}{30})$

ALG	RPN
18700 × (	18700 ENTER
1 − (	1 ENTER
.045 ×	.045 ENTER
52 ÷	52 ×
30 =	30 ÷
⇒17.241,40000000	− ×
	⇒17.241,40000000

6.6 Cálculo da taxa efetiva (i)

Calculando a taxa efetiva

EXEMPLO 6.3 Calcular a taxa efetiva mensal de uma operação de desconto de duplicatas no valor de face de R$ 100.000,00, 3 meses antes do vencimento, a uma taxa de desconto bancário simples de 10% ao mês.

Dados:
$i = ?$
$S = 100.000$
$n = 3$ m
$d = 10\%$ (0,10) a.m.

Solução:
Como $P = S(1 - d \cdot n)$ e $i = (\frac{S}{P})^{\frac{1}{n}} - 1$,

$$i = \left(\frac{S}{S(1 - d \cdot n)}\right)^{\frac{1}{n}} - 1 \text{ ou}$$

$$i = \left(\frac{1}{1 - d \cdot n}\right)^{\frac{1}{n}} - 1 \tag{6.4}$$

$$i = \left(\frac{1}{1 - d \cdot n}\right)^{\frac{1}{n}} - 1 = \left(\frac{1}{1 - 0{,}1 \times 3}\right)^{\frac{1}{3}} - 1 = 0{,}12624788$$

Resposta: 12,62% a.m.

Usando a calculadora. $i = \left(\dfrac{1}{1 - 0{,}1 \times 3}\right)^{\frac{1}{3}} - 1$

ALG	RPN
1 ÷ (	1 ENTER
1 − (	1 ENTER
0.1 ×	0.1 ENTER
3 = y^x	3 ×
3 1/x	− ÷
−	3 1/x y^x
1 =	1 −
⇒0,126248	⇒0,126248

6.7 Tipos de descontos

Os tipos conhecidos de descontos são:

- **Desconto bancário simples** (desconto comercial simples) ou desconto *por fora* simples
- **Desconto bancário composto** ou desconto *por fora* composto[1]
- **Desconto racional simples** ou desconto *por dentro* simples
- **Desconto racional composto** ou desconto *por dentro* composto

Tipos de descontos e fórmulas de cálculo do valor presente:

	Bancário (*d*)	Racional (*i*)
Simples	$P = S(1 - d \cdot n)$	$P = \dfrac{S}{(1 + i \cdot n)}$
Composto	$P = S(1 - d)^n$	$P = \dfrac{S}{(1 + i)^n}$

Uma das diferenças entre os descontos racionais e os bancários é que aqueles utilizam taxa de juros (i), enquanto estes, taxas de desconto (d).

Os tipos de descontos mais utilizados são: o desconto bancário simples, para operações de desconto de curto prazo, em torno de 30 a 90 dias (duplicatas, notas promissórias, etc.), e o desconto racional composto, para prazos superiores.

---

[1] Embora citado por alguns autores, não se tem conhecimento sobre a utilização do desconto bancário composto.

6.8 Problemas

*As respostas se encontram no site do Grupo A: **www.grupoa.com.br**. Para acessá-las, basta buscar pela página do livro, clicar em "Conteúdo online" e cadastrar-se.*

1. Qual é o valor do desconto bancário simples que um banco aplica sobre duplicatas, no valor de R$ 2.750.000,00, 63 dias antes do vencimento, à taxa de desconto bancário simples de 7% ao mês?

2. Qual é o valor recebido por um empresário que descontou em um banco duplicatas no valor de R$ 273.500,00, à taxa de desconto bancário simples de 2,3% ao mês, 35 dias antes do prazo?

3. Um empresário descontou R$ 2.000.000,00 em duplicatas em um banco que adota a taxa de desconto bancário simples de 22,5% ao mês, 55 dias antes do vencimento. Calcule a taxa implícita mensal de juros.

4. Uma instituição financeira adquiriu um lote de Letras Financeiras do Tesouro (LFTs) no valor nominal de R$ 1.200.000,00, com prazo de 43 dias e a uma taxa de desconto bancário simples de 27% a.m. Calcule o preço de aquisição do lote e a taxa efetiva mensal de juros compostos da operação.

5. Uma duplicata no valor de R$ 172.000,00 é descontada em um banco 2 meses antes de seu vencimento. Sabendo-se que a taxa de desconto bancário simples é de 19,5%, pede-se: a) o valor do desconto, b) o valor descontado e c) a taxa mensal implícita de juros compostos da operação.

6. Qual é o valor do desconto bancário simples que um banco aplica sobre duplicatas no valor de R$ 12.000,00, 43 dias antes do vencimento, à taxa de desconto de 12% ao mês?

7. Qual é o valor recebido por um empresário que descontou em um banco duplicatas no valor de R$ 14.500,00, à taxa de desconto bancário simples de 9% ao mês, 39 dias antes do prazo?

8. Um empresário descontou R$ 9.780,00 em duplicatas em um banco que adota a taxa de desconto de 11,8% ao mês, 68 dias antes do vencimento. Calcule a taxa implícita mensal de juros.

9. Uma instituição financeira adquiriu um lote de LFTs no valor nominal de R$ 11.600,00 com prazo de 39 dias e a uma taxa de desconto de 10% ao mês. Calcule o preço de aquisição do lote e a taxa efetiva mensal de juros compostos da operação.

10. Uma duplicata no valor de R$ 2.380,00 é descontada em um banco 3 meses antes de seu vencimento. Sabendo-se que a taxa de desconto bancário simples é de 11,4% ao mês, pede-se: a) o valor do desconto, b) o valor descontado e c) a taxa mensal implícita de juros compostos da operação.

CAPÍTULO 7

ANUIDADES

7.1 Introdução

CONCEITO 7.1 "Chama-se de **anuidade** uma sucessão ou sequência de pagamentos ou recebimentos, denominados termos da anuidade, que ocorrem em datas preestabelecidas." (FARO; LACHTERMACHER, 2012, p. 166)

A denominação anuidade segue uma tendência internacional, considerando-se que, nos primeiros sistemas de liquidação de dívidas em mais de um pagamento, as prestações eram anuais, embora hoje elas possam ser mensais, trimestrais, etc. As anuidades também são conhecidas na literatura como séries periódicas uniformes, rendas certas (SAMANEZ, 2002, p. 125) e prestações (SAMANEZ, 2002, p. 86; DAL ZOT, 2008, p. 85).

7.2 Valor atual de um fluxo de caixa

Um **diagrama de tempo** ou **fluxo de caixa** é a representação gráfica de recebimentos e/ou pagamentos ao longo do tempo, de um empréstimo, uma aplicação financeira, de um orçamento doméstico ou empresarial. O diagrama de tempo de um empréstimo a ser pago em uma só vez é:

No Capítulo "Juros compostos", viu-se que o valor atual (VA_0 ou P) do pagamento da dívida (S) é dado pela equação:

$$VA_0 = P = \frac{S}{(1+i)^n}$$

Quando um empréstimo for pago por uma anuidade constituída por muitos e diferentes termos R_j, o diagrama é conforme segue:

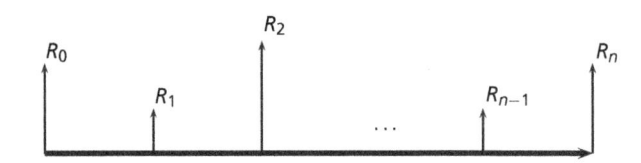

CONCEITO 7.2 Denomina-se **valor atual** de um fluxo de caixa, a uma determinada taxa de juros e em determinada data focal, a soma dos valores atuais de cada um dos termos do fluxo de caixa.

$$VA_0 = R_0 + \frac{R_1}{(1+i)} + \frac{R_2}{(1+i)^2} + \cdots + \frac{R_{n-1}}{(1+i)^{n-1}} + \frac{R_n}{(1+i)^n} \qquad (7.1)$$

ou

$$VA_0 = \sum_{j=0} \frac{R_j}{(1+i)^j} \qquad (7.2)$$

7.3 Classificação

As anuidades podem ser classificadas:

- **Quanto ao prazo:**
  - Temporárias
  - Perpétuas
- **Quanto à periodicidade:**
  - Periódicas
  - Não periódicas
- **Quanto ao valor dos termos:**
  - Constantes
  - Variáveis

Neste capítulo, iremos estudar anuidades temporárias, periódicas e constantes, as quais podem ser, quanto ao vencimento da primeira prestação:

- **Postecipadas**: quando a data de vencimento da primeira prestação (primeiro termo) ocorre 1 período após a data do empréstimo (no comércio é comum identificar essa alternativa como sem entrada)

- **Antecipadas**: quando a data da primeira prestação coincide com a data do empréstimo (com entrada)

- **Diferidas**: quando a data da primeira prestação ocorre mais de 1 período após a data do empréstimo

7.4 Anuidades postecipadas

Um empréstimo P a ser pago por n termos R de uma anuidade postecipada (sem entrada) pode ser representado graficamente por um diagrama de tempo ou fluxo de caixa:

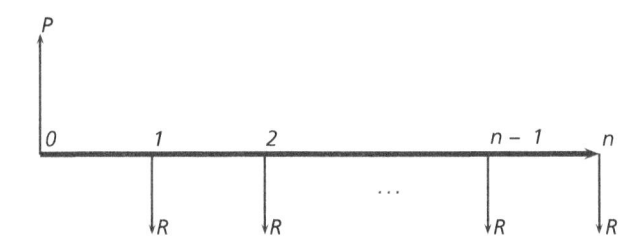

Sabendo-se que o valor atual dos termos da anuidade deve ser igual ao principal P e que, no caso das anuidades postecipadas, os termos são iguais e representados por R, temos a equação:

$$P = \frac{R}{(1+i)^1} + \frac{R}{(1+i)^2} + \cdots + \frac{R}{(1+i)^{n-1}} + \frac{R}{(1+i)^n}$$

$$P = R\left[\frac{1}{(1+i)^1} + \frac{1}{(1+i)^2} + \cdots + \frac{1}{(1+i)^{n-1}} + \frac{1}{(1+i)^n}\right]$$

$$P = R\sum_{j=1}^{n} \frac{1}{(1+i)^j}$$

Lembrando conhecimentos da matemática do ensino médio, o somatório $\sum_{j=1}^{n} \frac{1}{(1+i)^j}$ corresponde à soma dos n primeiros termos de uma progressão geométrica cujo primeiro termo $a_1 = \frac{1}{1+i}$ e cuja razão é $q = \frac{1}{1+i}$. Logo, teremos:

$$\sum_{j=1}^{n} \frac{1}{(1+i)^j} = a_1 \frac{q^n - 1}{q - 1} = \frac{1}{(1+i)} \frac{\frac{1}{(1+i)^n} - 1}{\frac{1}{(1+i)}} = \frac{(1+i)^n - 1}{i(1+i)^n}$$

O relacionamento entre as variáveis principal P, prestação R, número de prestações n e taxa de juros i passa a ser:

$$P = R\frac{(1+i)^n - 1}{i(1+i)^n} \tag{7.3}$$

Observe que a taxa de juros utilizada em anuidades é uma taxa composta. Por quê? Porque consideramos o principal como a soma dos valores atuais de cada prestação, calculadas em juros compostos. Por essa razão a equação contém elementos de exponenciação.

7.4.1 Cálculo do principal P em função da prestação R

EXEMPLO 7.1 Uma loja financiou um conjunto de móveis em 4 prestações mensais iguais a R$ 1.300,00, a primeira delas a ser paga um mês após a compra (sem entrada) à taxa de juros de 2,5% ao mês. Calcular o valor à vista da compra.

Dados:
$R = 1.300$
$n = 4$ p.m. post. (pelo enunciado, trata-se de uma anuidade postecipada)
$i = 2,5\% \ (0,025)$ a.m.
$P = ?$

Solução:

$$P = R\frac{(1+i)^n - 1}{i(1+i)^n} = 1.300\frac{(1+0,025)^4 - 1}{0,025(1+0,025)^4} = 4.890,566470$$

Resposta: R$ 4.890,57.

> *Usando a calculadora.* $1.300\dfrac{(1+0,025)^4 - 1}{0,025(1+0,025)^4}$

ALG	RPN	FIN
1.025 y^x	1.025 ENTER	clear fin
4 −	4 y^x	1300 PMT
1 ÷ (	1 −	4 n
1.025 y^x	1.025 ENTER	2.5 i
4 ×	4 y^x	PV
0.025) ×	0.025 × ÷	⇒ −4.890,566470
1300 =	1300 ×	
⇒4.890,566470	⇒4.890,566470	

Ao usar o recurso financeiro pré-programado no cálculo de anuidades postecipadas, deve ser acionada a opção END, ou seja, se, no visor de sua calculadora, aparecer BEGIN ou BEG, deve-se alterar para a opção END (desaparece BEGIN ou BEG do visor). Na HP 12c, é uma função azul da tecla 8; logo, deve-se teclar g e 8.

7.5 Cálculo da prestação R em função do principal

> **EXEMPLO 7.2** O cliente de uma loja adquiriu um televisor de 40 polegadas no valor à vista de R$ 2.200,00, em 5 prestações mensais iguais, sem entrada, a uma taxa de juros de 3% ao mês. Calcular o valor da prestação.

Dados:
$P = 2.200$
$n = 5$ p.m. post.
$i = 3\% \ (0,03)$ a.m.
$R = ?$

Solução:

$$P = R\frac{(1+i)^n - 1}{i(1+i)^n} \Leftrightarrow$$

$$R = P\frac{i(1+i)^n}{(1+i)^n - 1}$$

$$R = 2.200\frac{0,03(1+0,03)^5}{(1+0,03)^5 - 1} = 480,380057 \quad (7.4)$$

Resposta: R$ 480,38.

Usando a calculadora. $R = 2.200\dfrac{0,03(1+0,03)^5}{(1+0,03)^5 - 1} = 480,380057$

ALG	RPN	FIN
1300 =	1300 ×	clear fin
1.03 y^x	1.03 ENTER	2200 PV
5 ×	5 y^x	5 n
0.03 ÷ (	0.03 ×	3 i
1.03 y^x	1.03 ENTER	PMT
5 −	5 y^x	⇒ −480,380057
1) ×	1 − ÷	
2200 =	2200 ×	
⇒480,380057	⇒480,380057	

7.5.1 Cálculo da taxa *i*

EXEMPLO 7.3 O financiamento de um computador, no valor de R$ 3.700,00, é feito em 10 prestações mensais iguais a R$ 427,14, a primeira vencendo um mês após a compra. Calcular a taxa mensal de juros utilizada.

Dados:
$P = 3.700$
$n = 10$ p.m. post.
$R = 427,14$
$i_m = ?$

Solução:

$$P = R\frac{(1+i)^n - 1}{i(1+i)^n}$$

Na equação acima, o leitor deve observar que não é matematicamente possível isolar a taxa *i*. Há duas alternativas para resolver esse problema:

- Usar os recursos pré-programados das calculadoras financeiras que serão demonstrados a seguir.

- Utilizar métodos de cálculo numérico (para uma melhor orientação consultar o Apêndice B, "Métodos numéricos de cálculo de taxas de juros").

> *Usando a calculadora.*

	FIN
	clear fin
3700	PV
10	n
427,14 CHS	PMT
i	⇒ 2,700085

Resposta: R$ 2,70% a.m.

P e R devem ter sinais opostos porque as calculadoras financeiras consideram que, se um é positivo (recebimento ou entrada de um fluxo de caixa), o outro deve ser negativo (pagamento ou saída de um fluxo). Por essa razão, colocou-se a tecla CHS antes do PMT para a HP 12c (+/− em outras calculadoras).

EXEMPLO 7.4 Um móvel no valor à vista de R$ 1.000,00 foi financiado em 12 prestações mensais iguais a R$ 100,00. Calcular a taxa anual de juros do financiamento.

Dados:
$P = 1.000$
$n = 12$ p.m. post.
$R = 100,00$
$i_a = ?$

Solução:

$$P = R \frac{(1+i)^n - 1}{i(1+i)^n}$$

O cálculo deve ser feito em duas etapas:

- Calcula-se a taxa mensal utilizando o recurso pré-programado (ou outro método indicado)

- Calcula-se a taxa anual equivalente em juros compostos à taxa de juros mensal encontrada

> *Usando a calculadora.*

	FIN
	clear fin
1000	PV
12	n
100 CHS	PMT
i	⇒ 2,922854
0 PMT FV	⇒ −1.412,998984
1 n i	⇒ 41,299898

Resposta: R$ 41,30% a.a.

Esse exercício sugere inicialmente que a taxa anual de juros venha a ser 20% ao ano, uma vez que os juros pagos foram de R$ 200,00 (12 × 100 − 1.000 = 200) sobre um capital de R$ 1.000,00. Entretanto, deve-se considerar que os pagamentos foram sendo realizados ao longo do ano e não no seu final.

7.5.2 Cálculo do valor futuro

Quando queremos calcular o valor futuro dos n termos de uma anuidade, cuja data focal coincide com o último termo da anuidade, de acordo com o diagrama de tempo ou fluxo de caixa a seguir, estamos optando pelo valor futuro em anuidades postecipadas:

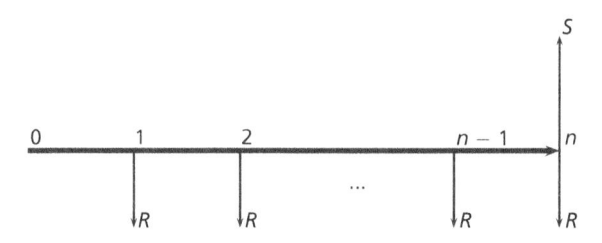

EXEMPLO 7.5 Mensalmente, a empresa de João transfere R$ 200,00 do seu salário para a poupança de um banco, que remunera à taxa de juros de 0,9% ao mês. Calcule o saldo da poupança de João imediatamente após a décima transferência.

Dados:

$R = 200$
$n = 10$ p.m. post. (é post. porque o valor futuro coincide com o último termo)
$i = 0,9\%$ (0,009) a.m.
$S = ?$

Solução:

$$S = P(1+i)^n$$

e

$$P = R\frac{(1+i)^n - 1}{i(1+i)^n} \Leftrightarrow$$

$$S = R\frac{(1+i)^n - 1}{i} \tag{7.5}$$

$$S = R\frac{(1+i)^n - 1}{i} = 200\frac{(1+0,009)^{10} - 1}{0,009} = 2.082,974951$$

Resposta: R$ 2.082,97.

Usando a calculadora. $200\dfrac{(1+0{,}009)^{10}-1}{0{,}009}$

ALG	RPN	FIN
1.009 y^x	1.009 ENTER	clear fin
10 $-$	10 y^x	200 PMT
1 $\div$	1 $-$	10 n
0.009 $\times$	0.009 $\div$	0.9 i
200 $=$	200 $\times$	FV
$\Rightarrow 2.082{,}974951$	$\Rightarrow 2.082{,}974951$	$\Rightarrow -2.082{,}974951$

Quando utilizamos o recurso financeiro para calcular o valor futuro $S(FV)$, estamos considerando que a data focal do referido valor futuro coincide com o último termo da anuidade. Costuma-se enunciar no problema que o valor futuro procurado está imediatamente após o último pagamento ou depósito, se for uma aplicação.

7.5.3 Cálculo da prestação R em função do valor futuro S

EXEMPLO 7.6 Quanto é necessário depositar mensalmente em um fundo de aplicações, à taxa de juros de 1% a.m. para que, imediatamente após o vigésimo quarto mês, se alcance um saldo de R$ 30.000,00?

Dados:
$S = 30.000$
$n = 24$ p.m. post.
$i = 1\%\ (0{,}01)$ a.m.
$R = ?$

Solução:

$$S = R\dfrac{(1+i)^n - 1}{i} \Leftrightarrow$$

$$R = S\dfrac{i}{(1+i)^n - 1} \tag{7.6}$$

$$R = 30.000\dfrac{0{,}01}{(1+0{,}01)^{24} - 1} = 1.112{,}204167$$

Resposta: R$ 1.112,20.

Usando a calculadora. $30.000 \dfrac{0,01}{(1+0,01)^{24}-1}$

ALG	RPN	FIN
0.01 ÷ (	0.01 ENTER	clear fin
1.01 y^x	1.01 ENTER	30000 FV
24 −	24 y^x	24 n
1) ×	1 − ÷	1 i
30000 =	30000 ×	PMT
⇒1.112,204167	⇒1.112,204167	⇒−1.112,204167

7.6 Anuidades antecipadas

Um empréstimo P a ser pago por n termos R de uma anuidade antecipada (com entrada) pode ser representado graficamente por um diagrama de tempo ou fluxo de caixa:

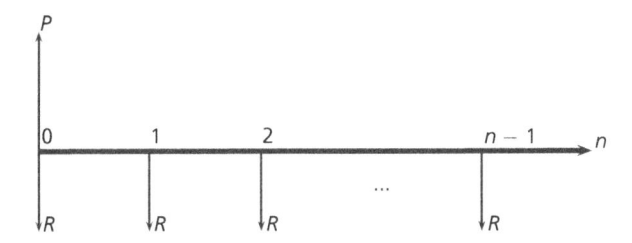

A principal diferença entre as anuidades antecipadas e as postecipadas é que as antecipadas, como o nome sugere, efetuam pagamentos iguais, porém, um período antes das postecipadas. Logo, se as postecipadas pagam um período após, é correto se supor que elas pagam um período a mais de juros do que as antecipadas. Assim, temos que:

$$R_{post} = R_{ant}(1+i) \tag{7.7}$$

$$\therefore R_{ant} = \frac{R_{post}}{(1+i)} = \frac{P\frac{i(1+i)^n}{(1+i)^n-1}}{(1+i)} \Leftrightarrow$$

$$R = P\frac{i(1+i)^{n-1}}{(1+i)^n-1} \tag{7.8}$$

7.6.1 Cálculo da prestação R em função do principal

EXEMPLO 7.7 Ricardo comprou uma geladeira cujo valor à vista é de R$ 900,00 em 3 prestações mensais, a primeira na entrada, com uma taxa de juros de 2,2% a.m. Calcular o valor da prestação.

Dados:
$P = 900$
$n = 3$ p.m. ant. (pelo enunciado, trata-se de uma anuidade antecipada)
$i = 2{,}2\%$ (0,022) a.m.
$R = ?$

Solução:

$$R = P\frac{i(1+i)^{n-1}}{(1+i)^n - 1} = 900\frac{0{,}022(1+0{,}022)^{3-1}}{(1+0{,}022)^3 - 1} = 306{,}551608$$

Resposta: R$ 306,55

> Usando a calculadora. $900\dfrac{0{,}022(1+0{,}022)^{3-1}}{(1+0{,}022)^3 - 1}$

ALG	RPN	FIN (BEGIN)
1.022 y^x	1.022 ENTER	clear fin
2 ×	2 y^x	900 PV
0.022 ÷ (	0.022 ×	3 n
1.022 y^x	1.022 ENTER	2.2 i
3 −	3 y^x	PMT
1) ×	1 − ÷	⇒ −306,551608
900 =	900 ×	
⇒306,551608	⇒306,551608	

Nas calculadoras financeiras, identifica-se quando o cálculo é sobre anuidades postecipadas acenando a opção BEGIN. Se ao usar o recurso financeiro pré-programado não aparecer BEGIN ou BEG no visor de sua calculadora, não esqueça de alterar para a opção BEGIN; na HP 12c é uma função azul da tecla 7, logo, deve-se teclar g e 7.

7.6.2 Cálculo do principal P em função da prestação R

EXEMPLO 7.8 Calcule o principal de um financiamento em 6 prestações mensais iguais a R$ 450,00, a primeira na entrada, sabendo-se que a taxa de juros utilizada foi de 1,8% a.m.

Dados:
$R = 450$
$n = 6$ p.m. ant.
$i = 1{,}8\%$ (0,018) a.m.
$P = ?$

Solução:

$$R = P\frac{i(1+i)^{n-1}}{(1+i)^n - 1} \Leftrightarrow P = R\frac{(1+i)^n - 1}{i(1+i)^{n-1}}$$

$$P = R\frac{(1+i)^n - 1}{i(1+i)^{n-1}} \quad (7.9)$$

$$P = R\frac{(1+i)^n - 1}{i(1+i)^{n-1}} = 450\frac{(1+0{,}018)^6 - 1}{0{,}018(1+0{,}018)^5} = 2.583{,}425070$$

Resposta: R$ 2.583,43

> Usando a calculadora. $450\dfrac{(1+0{,}018)^6 - 1}{0{,}018(1+0{,}018)^5}$

ALG	RPN	FIN (BEGIN)
1.018 y^x	1.018 ENTER	clear fin
6 −	6 y^x	450 PMT
1 ÷ (	1 −	6 n
1.018 y^x	1.018 ENTER	1.8 i
5 ×	5 y^x	PV
0.018) ×	0.018 × ÷	⇒ −2.583,425070
450 =	450 ×	
⇒ 2.583,425070	⇒ 2.583,425070	

7.6.3 Cálculo da taxa i

EXEMPLO 7.9 O financiamento de uma máquina de lavar roupas, no valor de R$ 3.700,00, é feito em 10 prestações mensais iguais a R$ 427,14, a primeira na entrada. Calcular a taxa mensal de juros utilizada.

Dados:
$P = 3.700$
$n = 10$ p.m. ant.
$R = 427{,}14$
$i_m = ?$

Solução:

A taxa deve satisfazer a equação $P = R\dfrac{(1+i)^n - 1}{i(1+i)^{n-1}}$ e, assim como no caso das postecipadas, também não é possível isolar a taxa i. Assim, para uma melhor orientação e outras formas de solução, consulte o Apêndice B, "Métodos numéricos de cálculo de taxas de juros".

Usando a calculadora.

```
     FIN (BEGIN)
       clear fin
       3700  PV
         10  n
    427.14  CHS PMT
          i ⇒ 3,345200
```

Resposta: R$ 3,35% a.m.

Compare esse resultado com o do Exemplo 7.3. Embora os dados utilizados sejam os mesmos, obtemos uma taxa superior à encontrada no caso de anuidade postecipada. Esse é o efeito do pagamento da primeira prestação na entrada, antecipando todas as demais em um mês, sobre a taxa de juros. Neste exemplo, temos a condição "1 + 9". No exemplo anterior, temos 10 vezes sem entrada. Como em ambos os casos temos a mesma prestação, é obviamente mais vantajosa, para quem toma o empréstimo, a condição postecipada (sem entrada). Essa vantagem é refletida no custo efetivo do crédito em uma taxa de juros menor (2,7% < 3,35%).

7.6.4 Cálculo do valor futuro

Quando queremos calcular o valor futuro dos n termos de uma anuidade, cuja data focal é um período após o último termo da anuidade, de acordo com o diagrama de tempo ou fluxo de caixa a seguir, estamos optando pelo valor futuro em anuidades antecipadas:

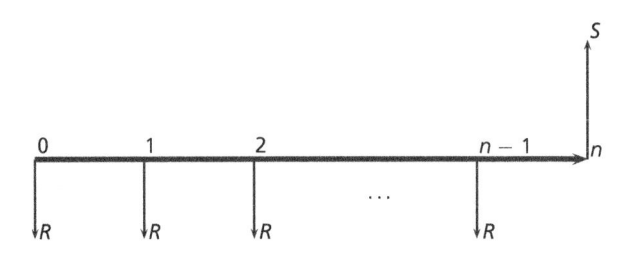

EXEMPLO 7.10 Um estudante resolveu depositar mensalmente R$ 300,00 em um fundo que remunera a uma taxa de juros de 1,2% ao mês. Calcule o saldo acumulado que o estudante conseguiu um mês após o décimo quinto depósito.

Dados:
$R = 300$
$n = 15$ p.m. ant.
$i = 1,2\%$ (0,012) a.m.
$S = ?$

Solução:

$$S = P(1+i)^n$$

e

$$P = R\frac{(1+i)^n - 1}{i(1+i)^{n-1}} \rightarrow S = R\frac{(1+i)^n - 1}{i}(1+i)$$

$$S = R\frac{(1+i)^n - 1}{i}(1+i) \tag{7.10}$$

$$S = R\frac{(1+i)^n - 1}{i}(1+i) = 300\frac{(1+0,012)^{15} - 1}{0,012}(1+0,012) = 4.957,163269$$

Resposta: R$ 4.957,16.

Usando a calculadora. $S = 300\dfrac{(1+0,012)^{15} - 1}{0,012}(1+0,012)$

ALG	RPN	FIN (BEGIN)
1.012 y^x	1.012 ENTER	clear fin
15 $-$	15 y^x	300 PMT
1 $\div$	1 $-$	15 n
0.012 $\times$	0.012 $\div$	1.2 i
1.012 $\times$	1.012 $\times$	FV
300 $=$	300 $\times$	$\Rightarrow -4.957,163269$
$\Rightarrow 4.957,163269$	$\Rightarrow 4.957,163269$	

7.6.5 Cálculo da taxa conhecendo-se as prestações postecipada e antecipada

EXEMPLO 7.11 Sabe-se que, para um mesmo número de prestações, uma concessionária de veículos financia um automóvel por uma prestação mensal no valor de R$ 3.412,05, sem entrada, ou R$ 3.328,83, quando a primeira for na entrada. Calcule a taxa mensal de juros utilizada pela concessionária.

Dados:
$R_{post} = 3.412,05$
$R_{ant} = 3.328,83$
$i_m = ?$

Solução:

$$R_{post} = R_{ant}(1+i) \leftrightarrow i = \frac{R_{post}}{R_{ant}} - 1$$

$$i = \frac{R_{post}}{R_{ant}} - 1 \tag{7.11}$$

$$i = \frac{R_{post}}{R_{ant}} - 1 = \frac{3.412,05}{3.328,83} - 1 = 0,024999977\ldots$$

Resposta: 2,50% a.m.

> *Usando a calculadora.* $i = \left(\dfrac{3.412,05}{3.328,83} - 1\right) \times 100$

ALG	RPN	FIN
3.412,05 ÷	3.412,05 ENTER	clear fin
3.328,83 −	3.328,83 ÷	3.412,05 FV
1 ×	1 −	3.328,83 CHS PV
100 =	100 ×	1 n
⇒ 2,4999977...	⇒ 2,4999977...	i
		⇒ 2,4999977...

EXEMPLO 7.12 O financiamento de um eletrodoméstico foi feito a uma taxa de juros de 2,8% ao mês em um determinado número de prestações. Sabendo-se que o valor da prestação com entrada é de R$ 169,31, calcule o valor que ficaria a prestação se fosse sem entrada, nas mesmas condições (taxa e número de prestações).

Dados:
$R_{post} = ?$
$R_{ant} = 169,31$
$i_m = 2,8\%\ (0,028)$ a.m.

Solução:
$$R_{post} = R_{ant}(1 + i) \leftrightarrow R_{post} = 169,31 \times (1 + 0,028) = 174,05068000\ldots$$

Resposta: R$ 174,05.

> *Usando a calculadora.* $R_{post} = 169{,}31(1 + 0{,}028)$

ALG	RPN	FIN (BEGIN)
169,31 ×	169,31 ENTER	clear fin
1.028 =	1.028 ×	169,31 PV
⇒ 174,05068000...	⇒ 174,05068000...	1 n
		2.8 i
		FV
		⇒ −174,05068000...

7.7 Anuidades diferidas

Nas **anuidades diferidas**, o vencimento do primeiro termo pode ocorrer em qualquer período, a partir do segundo:

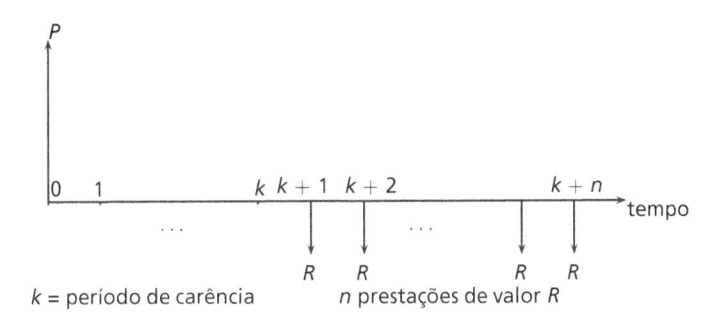

7.7.1 Cálculo da prestação R em função do principal

As **anuidades diferidas**, também conhecidas como **anuidades com carência**, possuem um intervalo de períodos em que não ocorrem termos. A esse intervalo dá-se o nome de carência, simbolizado nesta disciplina pela letra k. Considera-se como ponto de referência a anuidade postecipada cuja carência k é zero. Assim, quando o primeiro termo de uma anuidade vence a dois períodos do ponto zero, diz-se que a carência k é igual a 1 (DAL ZOT, 2008, p. 105; SAMANEZ, 2002, p.125-126; GUTHRIE; LEMON, 2004, p. 147).

Generalizando, k é o número de períodos entre o ponto zero (data inicial) e o vencimento do primeiro termo menos 1. O valor da prestação de uma anuidade diferida pode ser $R_{dif} = R_{post}(1+i)^k = P\dfrac{i(1+i)^n}{(1+i)^n - 1}(1+i)^k$. Temos, portanto:

$$R = P\dfrac{i(1+i)^{n+k}}{(1+i)^n - 1} \tag{7.12}$$

onde $k + 1$ é igual ao prazo para o pagamento da primeira prestação (DAL ZOT, 2008, p. 106).

Podemos reescrever a Equação (7.12) isolando P, obtendo uma nova fórmula:

$$P = R\dfrac{(1+i)^n - 1}{i(1+i)^{n+k}} \tag{7.13}$$

EXEMPLO 7.13 Uma loja financia um eletrodoméstico cujo valor à vista é de R$ 1.300,00 em 7 prestações mensais iguais, a primeira vencendo 4 meses após a compra, com uma taxa de juros de 3,4% a.m. Calcular o valor da prestação.

Dados:
$P = 1.300$
$n = 7$ p.m. dif.
$k = (4 - 1)$ m $= 3$ m[1]
$i = 3{,}4\%$ (0,034) a.m.
$R = ?$

Solução:

$$R = P\dfrac{i(1+i)^{n+k}}{(1+i)^n - 1} = 1.300\dfrac{0{,}034(1+0{,}034)^{7+3}}{(1+0{,}034)^7 - 1} = 234{,}163151$$

Resposta: R$ 234,16.

---

[1] Note que, se na anuidade postecipada o primeiro termo vence 1 período após a data do financiamento, sendo $k = 0$, o k de qualquer diferida é o número de períodos entre a data do financiamento e o vencimento do primeiro termo menos 1.

Anuidades diferidas no modo financeiro

Em geral, as calculadoras não possuem o recurso pré-programado para diferidas. Para utilizar o modo financeiro em problemas que envolvem anuidades diferidas, fazemos uso das relações:

$$R_{dif} = R_{post}(1+i)^k \text{ e } P_{post} = \frac{P_{post}}{(1+i)^k}$$

A equação $R_{dif} = R_{post}(1+i)^k$ permite dizer que R_{dif} é o montante da aplicação do valor R_{post} por k períodos de tempo. De forma similar, a equação $P_{dif} = \frac{P_{post}}{(1+i)^k}$ permite dizer que P_{post} é o valor futuro da aplicação do valor P_{dif} por k períodos de tempo.

Assim, no modo financeiro, subdividimos o cálculo de R_{dif} em três passos:

1. Calcula-se R_{post} usando o modo financeiro na opção END. No exemplo anterior, isso é feito nos passos de 1 a 5.

2. Salvamos o valor obtido como o valor presente de uma aplicação e "desligamos" a opção de cálculo de anuidades, zerando o valor em (PMT). No exemplo anterior, isso é feito nos passos 6 e 7.

3. Por fim, para obter R_{dif}, entramos com o valor k em (n). Não é preciso alterar o valor salvo em (i), pois a taxa segue sendo a mesma. Ao pressionar (FV), temos o resultado $R_{dif} = R_{post}(1+i)^k$.

Passos similares aplicam-se para obter P_{dif}. A grande diferença é que $P_{post} = P_{dif}(1+i)^k$, ou seja, desta vez P_{post} é o montante a ser armazenado em (FV) e P_{dif} é o valor presente a ser obtido teclando (PV). Então calculamos P_{post}, o armazenamos em (FV), zeramos (PMT), entramos k e pressionamos (PV).

> *Usando a calculadora.* $1.300 \dfrac{0{,}034(1+0{,}034)^{7+3}}{(1+0{,}034)^7 - 1}$

ALG	RPN	FIN
1.034 y^x	1.034 ENTER	clear fin END
10 ×	10 y^x	1300 PV
0.034 ÷ (	0.034 ×	7 n
1.034 y^x	1.034 ENTER	3.4 i
7 −	7 y^x	PMT
1)	1 − ÷	STO PV
× 1300 =	1300 ×	0 PMT
⇒234,163151	⇒234,163151	3 n FV
		⇒234,163151

7.7.2 Cálculo do principal P em função da prestação R

Observe que, como $P = R\dfrac{(1+i)^n - 1}{i(1+i)^n}$, se uma anuidade diferida tem o mesmo valor de prestação que uma anuidade postecipada, segue que

$$P_{dif} = \frac{P_{post}}{(1+i)^k} \tag{7.14}$$

EXEMPLO 7.14 O financiamento de um imóvel foi realizado em 48 prestações mensais iguais a R$ 2.450,00, a primeira vencendo 13 meses após a compra. Sabendo-se que a taxa de juros utilizada foi de 1,5% a.m., calcule o valor à vista do imóvel.

Dados:
$R = 2.450$
$n = 48$ p.m. dif.
$k = 13 - 1 = 12$ m
$i = 1,5\%$ (0,015) a.m.
$P = ?$

Solução:

$$R = P\frac{i(1+i)^{n+k}}{(1+i)^n - 1} \Leftrightarrow P = R\frac{(1+i)^n - 1}{i(1+i)^{n+k}} = 2.450\frac{(1+0,015)^{48} - 1}{0,015(1+0,015)^{48+12}} = 69.758,27101$$

Resposta: R$ 69.758,27.

> *Usando a calculadora.* $2.450\dfrac{(1+0,015)^{48} - 1}{0,015(1+0,015)^{48+12}}$

ALG	RPN	FIN
1.015 y^x	1.015 ENTER	clear fin END
48 $-$	48 y^x	2450 PMT
1 $\div$ (	1 $-$	48 n
1.015 y^x	1.015 ENTER	1.5 i
60 $\times$	60 y^x	PV
0.015)	0.015 $\times$ $\div$	STO FV
$\times$ 2450 $=$	2450 $\times$	0 PMT
$\Rightarrow$ 69.758,27101	$\Rightarrow$ 69.758,27101	12 n PV
		$\Rightarrow$ 69.758,27101

7.7.3 Cálculo da taxa *i*

Como vimos, os recursos das calculadoras financeiras também facilitam o cálculo da taxa em anuidades postecipadas e antecipadas. O cálculo da taxa em anuidades tem por objetivo encontrar a raiz de um polinômio de grau n, geralmente resolvido por métodos do cálculo numérico, alguns deles encontrados no Apêndice B deste livro, "Métodos numéricos de cálculo da taxa de juros".

No caso das diferidas, por não termos o recurso pré-programado, a solução pela calculadora não segue o mesmo curso das postecipadas e antecipadas. Entretanto, é possível fazer o cálculo da taxa pelo uso de um outro recurso financeiro encontrado nas calculadoras financeiras: o cálculo da **taxa interna de retorno – TIR** (IRR = *internal rate of return*). Recursos de fluxos de caixa (*cash-flow*) presentes nas calculadoras financeiras, como o da TIR, serão desenvolvidos a partir do Capítulo "Equivalência de capitais".

7.7.4 Coeficientes utilizados no comércio

No comércio, para facilitar o cálculo de prestações, são utilizadas tabelas de coeficientes (ASSAF NETO, 2009, p. 121-135). Um coeficiente para cálculo de prestação é um número que, quando multiplicado pelo valor à vista do produto, fornece o valor da prestação conforme a condição de pagamento.

De acordo com a fórmula

$$R = P\frac{i(1+i)^{n+k}}{(1+i)^n - 1}$$

Ou seja, para obtermos o valor da prestação, multiplicamos P pelo coeficiente $\frac{i(1+i)^{n+k}}{(1+i)^n - 1}$.

EXEMPLO 7.15 Calcular os coeficientes para cálculo de prestações de uma loja que tem anuidades com duas e três prestações, com entrada e sem entrada, à taxa de juros de 2,5% a.m.

Usando a calculadora.

1 [CHS][PV]
2.5 [i]

Com entrada (BEGIN)	Sem entrada (END)
[BEGIN] ([g][7])	[END] ([g][8])
2 [n][PMT] ⇒ 0,5062	2 [n][PMT] ⇒ 0,5188
3 [n][PMT] ⇒ 0,3416	3 [n][PMT] ⇒ 0,3501

Do exemplo anterior, calcular os coeficientes para cálculo de prestações de uma loja que tem anuidades com duas e três prestações, com entrada e sem entrada, à taxa de juros de 2,5% a.m. pela fórmula (ALG).

$P = 1; i = 0,025$

Com entrada	Com entrada	Sem entrada	Sem entrada
n=2	n=3	n=2	n=3
$\dfrac{0{,}025 \cdot (1+0{,}025)^{2-1}}{(1+0{,}025)^2 - 1}$	$\dfrac{0{,}025 \cdot (1+0{,}025)^{3-1}}{(1+0{,}025)^3 - 1}$	$\dfrac{0{,}025 \cdot (1+0{,}025)^2}{(1+0{,}025)^2 - 1}$	$\dfrac{0{,}025 \cdot (1+0{,}025)^3}{(1+0{,}025)^3 - 1}$
1.025	1.025 [y^x] 2	1.025 [y^x] 2	1.025 [y^x] 3
[×].025 [÷] [(]	[×].025 [÷] [(]	[×].025 [÷] [(]	[×].025 [÷] [(]
1.025 [y^x] 2	1.025 [y^x] 3	1.025 [y^x] 2	1.025 [y^x] 3
[−] 1 [=]	[−] 1 [=]	[−] 1 [=]	[−] 1 [=]
⇒ 0,5062	⇒ 0,3416	⇒ 0,5188	⇒ 0,3501

Do exemplo anterior, calcular os coeficientes para cálculo de prestações de uma loja que tem anuidades com duas e três prestações, com entrada e sem entrada, à taxa de juros de 2,5% a.m. pela fórmula (RPN).

$P = 1; i = 0{,}025$

Com entrada	Com entrada	Sem entrada	Sem entrada
n=2	n=3	n=2	n=3
$\dfrac{0{,}025 \cdot (1+0{,}025)^{2-1}}{(1+0{,}025)^2 - 1}$	$\dfrac{0{,}025 \cdot (1+0{,}025)^{3-1}}{(1+0{,}025)^3 - 1}$	$\dfrac{0{,}025 \cdot (1+0{,}025)^2}{(1+0{,}025)^2 - 1}$	$\dfrac{0{,}025 \cdot (1+0{,}025)^3}{(1+0{,}025)^3 - 1}$
1.025 [ENTER]	1.025 [ENTER]	1.025 [ENTER]	1.025 [ENTER]
.025 [×]	2 [y^x] .025 [×]	2 [y^x] .025 [×]	3 [y^x] .025 [×]
1.025 [ENTER]	1.025 [ENTER]	1.025 [ENTER]	1.025 [ENTER]
2 [y^x] 1 [−] [÷]	3 [y^x] 1 [−] [÷]	2 [y^x] 1 [−] [÷]	3 [y^x] 1 [−] [÷]
⇒ 0,5062	⇒ 0,3416	⇒ 0,5188	⇒ 0,3501

EXEMPLO 7.16 Calcule o valor da prestação do financiamento de um eletrodoméstico cujo valor à vista é de R$ 340,00, à taxa de juros de 2,5% a.m., em 3 vezes com entrada (comparar uso de coeficiente com cálculo do recurso pré-programado).

> Usando a calculadora.

coeficiente ALG	coeficiente RPN	FIN
.3416 [×]	0.3416 [ENTER]	[clear fin] [BEGIN]
340 [=]	340 [×]	340 [PV]
⇒ 116,14	⇒ 116,14	3 [n]
		2.5 [i]
		[PMT] ⇒ −116,14

Os valores obtidos, tanto a partir do coeficiente como pelo uso do recurso pré-programado da calculadora financeira, são iguais, validando o método dos coeficientes. É importante considerar que o número de casas decimais interfere na precisão da resposta.

EXEMPLO 7.17 O cliente de uma loja de comércio pergunta ao vendedor qual é a taxa de juros utilizado. O vendedor não sabe a resposta, mas disponibiliza ao cliente a tabela de coeficientes que utiliza no cálculo das prestações, a seguir:

Número de prestações	Com entrada	Sem entrada
4	0,268583	0,282012
5	0,219976	0,230975

Solução:

Tendo em vista que $R_{post} = R_{ant}(1+i) \Leftrightarrow 1 + i = \dfrac{R_{post}}{R_{ant}} \Leftrightarrow$ escolhe-se uma opção de números de prestações (5 por exemplo): $i = \dfrac{R_{post}}{R_{ant}} - 1 = \dfrac{0{,}230975}{0{,}219976} - 1 = 0{,}050001$.

Resposta: 5,00% a.m.

EXEMPLO 7.18 Sabe-se que uma loja tem coeficientes para cálculo das prestações de acordo com o vencimento da primeira, conforme tabela abaixo. Calcule a taxa de juros que a loja utiliza.

Número de prestações	1ª em 30 dias	1ª em 120 dias
5	0,218355	0,238602

Solução:

$R_{k=0} = 0{,}218355$ (1 m após a compra = postecipada: $k = 0$)

$R_{k=3} = 0{,}238602$ (4 m após a compra = diferida: $k = 3$)

Tendo em vista que $R_{dif} = R_{post}(1+i)^k \Leftrightarrow 1 + i = (\frac{R_{dif}}{R_{post}})^{\frac{1}{k}} \Leftrightarrow i = (\frac{R_{dif}}{R_{post}})^{\frac{1}{k}} - 1 = \left(\frac{0{,}238602}{0{,}218355}\right)^{\frac{1}{3}} - 1 = 0{,}02999942$.

Resposta: 3,00% a.m.

Usando a calculadora. $(\frac{0{,}238602}{0{,}218355})^{\frac{1}{3}} - 1$

ALG	RPN	FIN
.238602 ÷	.238602 ENTER	clear fin
.218355 y^x	.218355 ÷	.218355 PV
3 1/x −	3 1/x y^x	3 n
1 =	1 −	.238602 CHS FV i
⇒0,02999942	⇒0,02999942	⇒2,999942

Como a prestação diferida é o valor futuro da postecipada, k períodos, podemos calcular a taxa usando os recursos financeiros da calculadora.

7.8 Problemas especiais

7.8.1 Dilema: poupar ou tomar empréstimo

EXEMPLO 7.19 Você pretende adquirir um carro no valor de R$ 30.000,00. Há duas possibilidades:

- Na primeira, você toma um empréstimo no valor à vista do carro, à taxa de juros de 2,5% ao mês, e o amortiza em 24 prestações mensais iguais.

- Na segunda, você deposita mensalmente 24 prestações em uma aplicação que rende à taxa de juros de 0,65% ao mês para acumular ao final um saldo de R$ 30.000,00, necessário para comprar o carro.

Em ambos os casos você terá um desembolso de 24 prestações nas mesmas datas de vencimento. Na primeira opção, você assumirá a posição devedora: *viver agora, pagar depois*; na segunda, a posição credora: *pagar agora, viver depois*. Do ponto de vista financeiro, qual opção você escolheria?

Dados:

$n = 24$ p.m.
$i_{fin} = 2,5\%$ (0,0065) a.m.
$P_{fin} = 30.000$
$i_{poup} = 2,5\%$ (0,0065) a.m.
$S_{poup} = 30.000$
$R_{fin} = ?$
$R_{poup} = ?$

Solução:

$$R_{fin} = P_{fin} \frac{i_{fin}(1+i_{fin})^n}{(1+i_{fin})^n - 1} = 30.000 \frac{0,025(1+0,025)^{24}}{(1+0,025)^{24} - 1} = 1.677,384611$$

e

$$R_{poup} = S_{poup} \frac{i_{poup}}{(1+i_{poup})^n - 1} = 30.000 \frac{0,0065}{(1+0,0065)^{24} - 1} = 1.159,083892$$

Resposta: Financeiramente, a prestação é menor na segunda opção, pois 1.159,08 é menor do que 1.677,38. A diferença de R$ 518,30 é preço da impaciência por quem opta pela primeira alternativa e o prêmio da espera para quem opta pela segunda.

Usando a calculadora.

Posição devedora:

ALG	RPN	FIN
1.025 y^x	1.025 ENTER	clear fin END
24 $\times$	24 y^x	30000 PV
0.025 $\div$ (	0.025 $\times$	24 n
1.025 y^x	1.025 ENTER	2.5 i
24 $-$	24 y^x	PMT
1) $\times$	1 $-$ $\div$	$\Rightarrow$ -1.677,384611
30000 $=$	30000 $\times$	
$\Rightarrow$ 1.677,384611	$\Rightarrow$ 1.677,384611	

Posição credora:

ALG	RPN	FIN
0.0065 $\div$ (	0.0065 ENTER	clear fin END
1.0065 y^x	1.0065 ENTER	30000 FV
24 $-$	24 y^x	24 n
1) $\times$	1 $-$ $\div$	1 i
30000 $=$	30000 $\times$	PMT
$\Rightarrow$ 1.159,083892	$\Rightarrow$ 1.159,083892	$\Rightarrow$ -1.159,083892

7.8.2 Modelo de poupança para o ciclo de vida

EXEMPLO 7.20 Você tem atualmente 25 anos. Pretende aposentar-se daqui a 40 anos, com 65 anos de idade. Como aposentado, acredita poder viver até os 85. Estima que, com uma renda mensal de R$ 5.000,00, será possível viver com dignidade durante toda sua aposentadoria. Considere a possibilidade de investir em um fundo de poupança que remunera à taxa de juros compostos de 0,7% ao mês e que em seu país a possibilidade de perda do poder aquisitivo da moeda é remota. Neste caso, quanto você deveria poupar mensalmente no referido fundo para lograr seu objetivo?

Dados:
$R_{apos} = 5.000$
$n_{apos} = 20$ a $= 20 \times 12$ m $= 240$ m
$n_{poup} = 40$ a $= 40 \times 12$ m $= 480$ m
$i_m = 0{,}7\%$ (0,007) a.m.
$R_{poup} = ?$

Solução:
Este problema pode ser desenvolvido em duas etapas:

- Na primeira etapa, você deve descobrir quanto precisa acumular, de maneira que o fundo possa amortizar a dívida pagando a você 240 prestações mensais de R$ 5.000,00 durante o período da aposentadoria. Para obter esse valor, é necessário calcular o valor presente (P) de uma anuidade postecipada de $n = 240$ parcelas de $R = $ R$ 5.000,00 cada.

    Etapa 1: $n = n_{apos}$ e

$$P_{apos} = R_{apos} \frac{(1+i)^n - 1}{i(1+i)^n}$$
$$= 5.000 \frac{(1+0{,}007)^{240} - 1}{0{,}007(1+0{,}007)^{240}} \quad (7.15)$$
$$= 580.380{,}024363$$

- Na segunda etapa, você deve calcular qual é o valor do depósito que será feito durante 400 meses, no período da pré-aposentadoria, de modo a atingir um saldo igual ao valor encontrado na primeira etapa, imediatamente após o 400º depósito. Esse montante possibilitará as futuras retiradas durante o período da aposentadoria.

    Etapa 2: $S_{poup} = P_{apos}$, $n = n_{poup}$ e

$$R_{poup} = S_{poup} \frac{i}{(1+i)^n - 1}$$
$$= 580.380{,}024363 \frac{0{,}007}{(1+0{,}007)^{400} - 1} \quad (7.16)$$
$$= 265{,}793628$$

Resposta: R$ 265,79.[2]

Usando a calculadora.

---

[2] O leitor deve observar o quão pouco é necessário poupar mensalmente para se ter uma renda tão alta, relativamente. Esse fato se deve, em especial, à grande diferença entre os tempos de aplicação e de utilização dos recursos e ao efeito dos juros compostos. Problemas sobre aposentadoria complementar podem ser encontrados em Merton (2006, p. 158) e Dal Zot (2008, p. 96).

ALG	RPN	FIN
1.007 y^x	1.007 ENTER	clear fin END
240 $-$	240 y^x	5000 PMT
1 $\div$ (	1 $-$	240 n
1.007 y^x	1.007 ENTER	.7 i
240 $\times$	240 y^x	PV
.007) $\times$	.007 $\times$ $\div$	$\Rightarrow$ -580.380,0243
5000 $=$	5000 $\times$	STO FV
$\Rightarrow$ 580.380,0243	$\Rightarrow$ 580.380,0243	0 PV
$\times$	.007 $\times$	400 n PMT
.007 $\div$ (	1.007 ENTER	$\Rightarrow$ 265,7936
1.007 y^x	400 y^x	
400 $-$ 1 $=$	1 $-$ $\div$	
$\Rightarrow$ 265,7936	$\Rightarrow$ 265,7936	

7.8.3 Resumo das fórmulas de anuidades

As fórmulas em anuidades

Anuidade	Principal	Prestação
Postecipada	$P = R\dfrac{(1+i)^n - 1}{i(1+i)^n}$	$R = P\dfrac{i(1+i)^n}{(1+i)^n - 1}$
Antecipada	$P = R\dfrac{(1+i)^n - 1}{i(1+i)^{n-1}}$	$R = P\dfrac{i(1+i)^{n-1}}{(1+i)^n - 1}$
Diferida	$P = R\dfrac{(1+i)^n - 1}{i(1+i)^{n+k}}$	$R = P\dfrac{i(1+i)^{n+k}}{(1+i)^n - 1}$

Observe que a anuidade postecipada é um caso particular de uma diferida com $k = 0$, assim como a antecipada, com $k = -1$.

7.9 Problemas

*As respostas se encontram no site do Grupo A: **www.grupoa.com.br**. Para acessá-las, basta buscar pela página do livro, clicar em "Conteúdo online" e cadastrar-se.*

1. Ache o valor atual de uma anuidade de R$ 270,00, no fim de cada mês, durante 4 anos, para a taxa de 2% ao mês.

2. Calcula-se que uma máquina será substituída daqui a 5 anos a um custo de R$ 18.300,00. Quanto deve ser reservado, ao final de cada ano, para fornecer essa importância, se as poupanças da empresa rendem juros a 26% ao ano?

3. Um aparelho de TV de alta definição no valor de R$ 12.500,00 pode ser adquirido pagando-se R$ 4.000,00 à vista e o saldo em pagamentos mensais iguais durante 2 anos. Ache a prestação mensal, considerando que a loja cobra 3,40% de juros ao mês e o primeiro pagamento mensal vence 30 dias após a compra.

4. Um carro está à venda por R$ 45.000,00, e um comprador deseja pagar por ele 36 prestações mensais iguais, sendo a primeira com vencimento um mês após a compra. Se forem cobrados juros a 3,1% ao mês, qual será o valor da prestação?

5. Qual é a taxa mensal de juros de um financiamento de R$ 430,01, em 7 pagamentos mensais iguais a R$ 89,99, sem entrada?

6. Ache o valor descontado de uma anuidade comum com 6 anos de carência, com 10 prestações anuais no valor de R$ 1.200,00 cada uma, e juros de 8% ao ano.

7. Qual deve ser o valor da prestação de um televisor a cores no valor à vista de R$ 25.500,00, se foi financiado em 8 prestações mensais iguais, a primeira na entrada, a uma taxa de juros de 29,2% ao mês?

8. O gerente de uma loja deseja financiar um eletrodoméstico no valor de R$ 19.900,00 para um cliente em 18 prestações mensais iguais, a primeira vencendo um mês após a compra. Sabendo-se que a loja utiliza uma taxa de juros de 23,5% ao mês, calcule o valor da prestação.

9. Uma loja calculou, para o financiamento de uma sala de jantar, 20 prestações mensais iguais a R$ 5.700,00, uma delas como entrada. Sabendo-se que o crediário da loja utiliza uma taxa de juros de 27,2% ao mês, calcule qual é o preço à vista da sala de jantar.

10. Um refrigerador no valor de R$ 12.000,00 adquirido em 1º de fevereiro de 1987 pode ser financiado em 8 prestações mensais iguais, a primeira a ser paga em 1º de agosto de 1987. Sabendo-se que a taxa utilizada é de 21,3% ao mês, calcule o valor da prestação.

11. Calcule o valor da prestação de um cobertor de R$ 8.000,00 financiado em 8 pagamentos mensais iguais, o primeiro vencendo 7 meses após a compra, a uma taxa de juros de 19,5% ao mês.

12. Calcule o valor atual de um fluxo de caixa de 12 pagamentos mensais iguais a R$ 23.000,00, na data focal de 6 meses antes do primeiro pagamento, a uma taxa de juros de 21,5% ao mês.

13. Calcule o valor atual de um fluxo de caixa de 7 pagamentos mensais de R$ 31.000,00, na data focal correspondente ao 5º pagamento, dada uma taxa de juros de 342% ao ano.

14. Uma pessoa com 31 anos de idade deseja, até os 70 (480m) fazer uma aplicação mensal programada de modo a garantir uma retirada mensal de R$ 4.000,00, durante o período que vai dos 71 até os 90 anos de idade (240m). Sabendo-se que a taxa média de juros, durante o período, será de 0,8% ao mês, calcule o valor da aplicação mensal.

15. Ache o valor atual de uma anuidade de R$ 345,00, com vencimento no final de cada mês, durante 4 anos, para a taxa de 4% ao mês.

16. Calcula-se que uma máquina será substituída daqui a 12 anos a um custo de R$ 45.000,00. Quanto deve ser reservado, ao final de cada ano, para fornecer essa importância, se as poupanças da empresa rendem juros a 4,5% ao ano?

17. Um aparelho de TV no valor de R$ 700,00 pode ser adquirido pagando-se R$ 200,00 à vista, e o saldo, em pagamentos mensais iguais durante 2 anos. Ache a prestação mensal, visto que o comerciante cobre 7% ao mês e a primeira prestação vence ao final do primeiro mês.

18. Um carro está à venda por R$ 12.000,00 e um comprador deseja pagar por ele 10 prestações mensais, sendo a primeira vencida no dia da compra. Se forem cobrados juros a 4,5% ao mês, qual será o valor da prestação?

19. Ache o valor descontado de uma anuidade comum com 4 anos de carência, com 12 prestações anuais iguais a R$ 250, sendo os juros calculados a uma taxa composta de 6,5% ao ano.

20. Qual deve ser o valor da prestação de um televisor a cores, no valor à vista de R$ 1.300,00, se foi financiado em 9 prestações mensais iguais, a primeira na entrada, a uma taxa de juros de 10,5% ao mês?

21. O gerente de uma loja deseja financiar um eletrodoméstico no valor de R$ 1.250,00 para um cliente em 10 prestações mensais iguais, a primeira vencendo um mês após a compra. Sabendo-se que a loja utiliza uma taxa de juros de 7,5% ao mês, calcule o valor da prestação.

22. Uma loja financia para seus clientes a uma taxa de juros de 2% ao mês. Calcule os coeficientes para o cálculo do valor das prestações, para duas e três vezes, com e sem entrada.

23. Um lojista, para financiar a seus clientes, utiliza os seguintes coeficientes em empréstimos de 4 prestações:

    - Com entrada: 0,26119
    - Sem entrada: 0,26903

    Qual é a taxa de juros utilizada pelo lojista?

24. Uma loja calculou para o financiamento de uma sala de jantar 8 prestações mensais iguais a R$ 550,00, uma delas como entrada. Sabendo-se que o crediário da loja utiliza uma taxa de juros de 12% ao mês, calcule qual é o preço à vista da sala de jantar.

CAPÍTULO 8

EQUIVALÊNCIA DE CAPITAIS

8.1 Conceito de equivalência de capitais

> **CONCEITO 8.1** Dois ou mais fluxos de caixa (capitais) são ditos **equivalentes** a uma determinada taxa de juros se seus valores presentes (valores atuais), em uma determinada data focal, forem iguais.

Se os fluxos de caixa, a uma determinada taxa de juros, tiverem o mesmo valor presente (valor atual), então seus valores futuros, em qualquer n, a essa mesma taxa, serão iguais. Fluxos equivalentes a uma determinada taxa de juros necessariamente deixam de ser equivalentes em outras taxas.

O conceito de equivalência de capitais constitui um elemento-chave nas aplicações da Matemática Financeira. Esse conceito pode ser considerado aplicável apenas do ponto de vista dos juros compostos, conforme Puccini (2009) ou apresentar-se também quanto à possibilidade de se calcular por meio de juros simples (VIEIRA SOBRINHO, 2000; ASSAF NETO, 2009). Neste livro, abordaremos a equivalência de capitais pela ótica dos juros compostos.

Quando se usa a equivalência de capitais? O conceito de equivalência de capitais é utilizado pelas instituições financeiras, empresas e pessoas, especialmente na administração dos fluxos de caixa, isto é, na compatibilização das entradas e saídas do dinheiro ao longo do tempo.

O ideal para qualquer agente econômico é que os pagamentos e recebimentos coincidam em valor e vencimentos de modo a não faltar nem ter excessos de caixa. Quando ocorre uma falta de sintonia nos prazos e valores entre pagamentos e recebimentos os agentes tendem a realizar ações no sentido de minimizar esse desajuste. As situações mais frequentes são:

- **Renegociação de prazos ou condições de pagamento de uma dívida**: um devedor pode solicitar o adiamento do vencimento de uma dívida, se tiver dificuldade em pagar naquela data ou, ao contrário, pagar antecipadamente reduzindo juros caso tiver excesso de caixa no referido vencimento.

- **Negociação ou troca de fluxos de caixa**: para um banco, tanto os excessos de caixa como as faltas são dificuldades a serem evitadas; no primeiro caso, a existência de caixa significa dinheiro a ser remunerado a aplicadores sem receita correspondente, e no segundo caso, o banco deve recorrer a empréstimos para honrar os compromissos.

8.2 Valor atual ou valor presente de um fluxo de caixa

Considere um fluxo de caixa com termos $R_0, R_1, R_2, \ldots, R_{n-1}, R_n$ vencendo nas datas focais, respectivamente, $n_0, n_1, n_2, \ldots, n_{n-1}, n_n$.

Uma representação gráfica podria ser dada por:

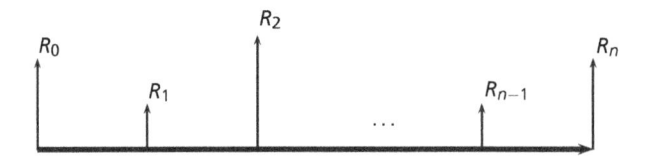

O valor atual na data focal zero, VA_0, é dado pela soma do valor atual de cada um de seus termos, como visto nas Equações (7.1) e (7.2):

$$VA_0 = R_0 + \frac{R_1}{(1+i)} + \frac{R_2}{(1+i)^2} + \ldots + \frac{R_{n-1}}{(1+i)^{n-1}} + \frac{R_n}{(1+i)^n}$$

ou

$$VA_0 = \sum_{j=0} \frac{R_j}{(1+i)^j}$$

EXEMPLO 8.1 A partir do fluxo de caixa a seguir, deseja-se calcular[1] o valor atual na data focal 0 (VA_0), a uma taxa de juros[2] de 10% ao ano:

Ano	Valor corrente
0	−1.000,00
1	400,00
2	800,00
3	900,00

Cálculo do valor atual na data focal 0 (VA_0) pela substituição dos dados de cada um dos termos na fórmula:

$$VA_0 = \sum_{j=0} \frac{R_j}{(1+i)^j} = -1.000,00 + \frac{400,00}{(1+0,10)} + \frac{800,00}{(1+0,10)^2} + \frac{900,00}{(1+0,10)^3} = VA_0 = 700,9767\ldots$$

---

[1] Como veremos, existe mais de uma maneira de calcular o valor atual de um fluxo de caixa, a determinadas taxa e data focal.

[2] Quando não houver referência ao regime de juros nesse tipo de problema, deve-se considerar o uso de juros compostos.

> *Usando a calculadora.* $-1.000,00 + \dfrac{400,00}{(1+0,10)} + \dfrac{800,00}{(1+0,10)^2} + \dfrac{900,00}{(1+0,10)^3}$

Ano	Valores correntes	Fórmulas		Valores atuais
0	−1.000,00	−1.000,00		⇒ −1.000,00
1	400,00	$\dfrac{400,00}{(1+0,10)}$	400,00 ENTER 1.1 ÷	⇒ 363,63636
2	800,00	$\dfrac{800,00}{(1+0,10)^2}$	800,00 ENTER 1.1 ENTER 2 y^x ÷	⇒ 661,15702
3	900,00	$\dfrac{900,00}{(1+0,10)^3}$	900,00 ENTER 1.1 ENTER 3 y^x ÷	⇒ 676,18332
			$VA_0 = \sum$	⇒ 700,9767...

Cálculo do valor atual na data focal 0 (VA_0) pelo uso do recurso financeiro da calculadora em cada um dos termos na fórmula:

$$VA_0 = \sum_{j=0} \dfrac{R_j}{(1+i)^j} = -1.000,00 + \dfrac{400,00}{(1+0,10)} + \dfrac{800,00}{(1+0,10)^2} + \dfrac{900,00}{(1+0,10)^3} = VA_0 = 700,9767\ldots$$

Antes do uso dos recursos abaixo, acionar as seguintes teclas: clear fin e 10 i .

Ano	Valores correntes	Fórmulas		Valores atuais
0	−1.000,00	−1.000,00		⇒ −1.000,0000...
1	400,00	$\dfrac{400,00}{(1+0,10)}$	400 CHS FV 1 n PV	⇒ 363,63636...
2	800,00	$\dfrac{800,00}{(1+0,10)^2}$	800 CHS FV 2 n PV	⇒ 661,1570...
3	900,00	$\dfrac{900,00}{(1+0,10)^3}$	900 CHS FV 3 n PV	⇒ 676,18332...
			$VA_0 = \sum$	⇒ 700,9767...

Cálculo do valor atual na data focal 0 (VA_0) usando o recurso pré-programado para fluxos de caixa (*cash-flow*).

$$VA_0 = \sum_{j=0} \dfrac{R_j}{(1+i)^j} = -1.000,00 + \dfrac{400,00}{(1+0,10)} + \dfrac{800,00}{(1+0,10)^2} + \dfrac{900,00}{(1+0,10)^3} = VA_0 = 700,9767092\ldots$$

HP 12c
clear reg (f CLX)
1000 CHS Cf_0 (g PV)
400 Cf_j (g PMT)
800 Cf_j
900 Cf_j
10 i
NPV (f PV) ⇒ 700,9767092...

EXEMPLO 8.2 A partir do fluxo de caixa a seguir, deseja-se calcular o valor atual na data focal 2 (VA_2), a uma taxa de juros compostos de 10% ao ano:

Ano	Valor corrente
0	−1.000,00
1	400,00
2	800,00
3	900,00

REGRA DE OURO 8.1 Sempre que possível, deve-se reduzir os valores de um fluxo de caixa para o valor atual em uma data focal.

A partir do valor atual nessa data focal se chega ao valor atual em outras datas focais.

No exemplo anterior, já aplicamos a regra mencionada com o cálculo de $VA_0 = 700{,}9767092\ldots$, logo

$$VA_2 = VA_0(1+i)^2 = 700{,}9767092\ldots \times (1+0{,}10)^2 \Rightarrow 848{,}18181818\ldots$$

Usando a calculadora. $700{,}9767092\ldots \times (1+0{,}10)^2$

RPN	ALG	FIN
700,9767092… ENTER	700,9767092… ×	clearfin (f X≷Y)
1.1 ENTER	(1.1	700,9767092… PV
2 y^x	y^x	10 i
×	2 =	2 n
⇒ 848,18181818…	⇒ 848,18181818…	FV ⇒ −848,18181818…

8.3 Verificação de equivalência

Objetivo do exemplo: demonstrar quando dois fluxos de caixa são equivalentes entre si.

EXEMPLO 8.3 Verificar se os fluxos de caixa a seguir são equivalentes, a uma taxa de juros compostos de 10% ao ano:

Ano	Fluxo A	Fluxo B
0		200,00
1	110,00	
2	121,00	363,00
3	532,40	133,10

Cálculo do valor atual na data focal 0 (VA_0^A) pela substituição dos dados de cada um dos termos na fórmula:

$$VA_0^A = \sum_{j=0} \frac{R_j}{(1+i)^j} = 0 + \frac{110{,}00}{(1+0{,}10)} + \frac{121{,}00}{(1+0{,}10)^2} + \frac{532{,}40}{(1+0{,}10)^3} = VA_0^A = 600{,}000000\ldots$$

Usando a calculadora.

Ano	Valores correntes	Fórmulas		Valores atuais
0	0	0		$\Rightarrow 0{,}00\ldots$
1	110,00	$\frac{110{,}00}{(1+0{,}10)}$	110,00 ENTER 1.1 ÷	$\Rightarrow 100{,}00\ldots$
2	121,00	$\frac{121{,}00}{(1+0{,}10)^2}$	121,00 ENTER 1.1 ENTER 2 y^x ÷	$\Rightarrow 100{,}00\ldots$
3	532,40	$\frac{532{,}40}{(1+0{,}10)^3}$	532,40 ENTER 1.1 ENTER 3 y^x ÷	$\Rightarrow 400{,}00\ldots$
			$VA_0^A = \sum \Rightarrow$	600,00 …

Cálculo do valor atual na data focal 0 (VA_0^B) pela substituição dos dados de cada um dos termos na fórmula:

$$VA_0^B = \sum_{j=0} \frac{R_j}{(1+i)^j} = 200{,}00 + 0 + \frac{363{,}00}{(1+0{,}10)^2} + \frac{133{,}10}{(1+0{,}10)^3} = VA_0^B = 600{,}000000\ldots$$

Ano	Valores correntes	Fórmulas		Valores atuais
0	200,00	200,00		$\Rightarrow 200{,}00\ldots$
1	0	0		$0{,}00\ldots$
2	363,00	$\frac{363{,}00}{(1+0{,}10)^2}$	363,00 ENTER 1.1 ENTER 2 y^x ÷	$\Rightarrow 300{,}00\ldots$
3	133,10	$\frac{133{,}10}{(1+0{,}10)^3}$	133,10 ENTER 1.1 ENTER 3 y^x ÷	$\Rightarrow 100{,}00\ldots$
			$VA_0^B = \sum \Rightarrow$	600,00 …

Fluxo A	Fluxo B
clear reg	clear reg
0 Cf_0	200 Cf_0
110 Cf_j	0 Cf_j
121 Cf_j	363 Cf_j
532.4 Cf_j	133.1 Cf_j
10 i	10 i
NPV $\Rightarrow$ 600,00000	NPV $\Rightarrow$ 600,00000

Por apresentarem os mesmos valores atuais em 0 ($VA_0^A = VA_0^B = 600{,}00000$), dizemos que os fluxos A e B, à taxa de juros de 10% ao ano, são equivalentes entre si.[3]

---

[3] Nem sempre os valores são exatamente iguais. Algumas vezes apresentam uma pequena diferença que, pela sua insignificância, considera-se nula. Para efeitos didáticos, consideraremos diferenças inferiores a R$ 1,00 como nulas ou iguais a zero.

Objetivo do exemplo: demonstrar que dois fluxos de caixa, equivalentes a uma determinada taxa, não o são a outra taxa.

EXEMPLO 8.4 Verificar se os fluxos de caixa a seguir são equivalentes, a uma taxa de juros compostos de 20% ao ano:

Ano	Fluxo A	Fluxo B
0		200,00
1	110,00	
2	121,00	363,00
3	532,40	133,10

Cálculo do valor atual na data focal 0 (VA_0^A) pela substituição dos dados de cada um dos termos na fórmula:

$$VA_0^A = \sum_{j=0} \frac{R_j}{(1+i)^j} = 0 + \frac{110,00}{(1+0,20)} + \frac{121,00}{(1+0,20)^2} + \frac{532,40}{(1+0,20)^3} = VA_0^A = 483,79296296\ldots$$

Usando a calculadora.

Ano	Valores correntes	Fórmulas	Valores atuais
0	0,00		$\Rightarrow 0,000000000\ldots$
1	110,00	$\dfrac{110,00}{(1+0,20)}$	110,00 ENTER 1.2 $\div$ $\Rightarrow 91,666666666\ldots$
2	121,00	$\dfrac{121,00}{(1+0,20)^2}$	121,00 ENTER 1.2 ENTER 2 y^x $\div$ $\Rightarrow 84,027777777\ldots$
3	532,40	$\dfrac{532,40}{(1+0,20)^3}$	532,40 ENTER 1.2 ENTER 3 y^x $\div$ $\Rightarrow 308,101851852\ldots$
			$VA_0^A = \sum \Rightarrow 483,796296297\ldots$

Cálculo do valor atual na data focal 0 (VA_0^B) pela substituição dos dados de cada um dos termos na fórmula:

$$VA_0^B = \sum_{j=0} \frac{R_j}{(1+i)^j} = 200,00 + 0 + \frac{363,00}{(1+0,20)^2} + \frac{133,10}{(1+0,20)^3} = VA_0^B = 529,108796296\ldots$$

Capítulo 8 Equivalência de capitais

Usando a calculadora.

Ano	Valores correntes	Fórmulas	Valores atuais
0	200,00	200,00	$\Rightarrow 200{,}000000000\ldots$
1	0	0	$\Rightarrow 0{,}000000000\ldots$
2	363,00	$\dfrac{363{,}00}{(1+0{,}20)^2}$	363,00 [ENTER] 1.2 [ENTER]
			2 [y^x] [$\div$] $\Rightarrow 252{,}083333333\ldots$
3	133,10	$\dfrac{133{,}10}{(1+0{,}20)^3}$	133,10 [ENTER] 1.2 [ENTER]
			3 [y^x] [$\div$] $\Rightarrow 77{,}025462963\ldots$
			$VA_0^B = \sum \Rightarrow 529{,}108796296\ldots$

Usando a calculadora.

Fluxo A	Fluxo B
[clear reg]	[clear reg]
0 [Cf_0]	200 [Cf_0]
110 [Cf_j]	0 [Cf_j]
121 [Cf_j]	363 [Cf_j]
532.4 [Cf_j]	133.1 [Cf_j]
20 [i]	20 [i]
[NPV] $\Rightarrow 483{,}796296296$	[NPV] $\Rightarrow 529{,}108796296$

Por apresentarem valores atuais diferentes em 0 ($VA_0^A = 483{,}796\ldots \neq VA_0^B = 529{,}108\ldots$), dizemos que os fluxos A e B, à taxa de juros de 20% ao ano, não são equivalentes entre si.

8.4 Tornando dois fluxos equivalentes entre si

Frequentemente os agentes econômicos se encontram em situações de desajuste de fluxos de caixa, ora concentrando pagamentos no curto prazo e recebimentos no longo prazo, ora o contrário. O ideal é que os prazos médios de recebimentos coincidam com os dos pagamentos, mas isso é muito raro acontecer.

Uma das formas usuais de atenuar os desajustes de caixa é a negociação de fluxos de caixa, que ajuda a modificar a data de concentração (prazo médio) dos recebimentos ou pagamentos (conforme o caso).

Como isso é feito?

Os fluxos de caixa, quando negociados, devem ser equivalentes entre si.

A primeira etapa da negociação é a definição do preço do dinheiro, ou seja, a taxa de juros. Uma vez definida a taxa de juros, calcula-se o valor atual de cada um dos fluxos de caixa.

Quando dois fluxos de caixa não são equivalentes a uma determinada taxa de juros, obtém-se a equivalência somando a diferença dos valores atuais dos fluxos ao valor corrente na data focal zero do fluxo de menor valor atual.

A diferença DIF também pode ser somada em outras datas desde que considerada a capitalização dos juros, ou seja, caso a data focal escolhida seja 2, o valor a ser somado será $DIF_2 = DIF(1+i)^2$.

Objetivo do exercício: ajustar diferenças entre fluxos de caixa de modo a torná-los equivalentes entre si.

Exercício 1: Verificar se os fluxos de caixa dos Bancos ITAI e HSBX a seguir são equivalentes, a uma taxa de juros compostos de 20% ao ano. Se não houver equivalência, indicar qual é o fluxo que o banco com valor atual inferior deve apresentar, alterando a parcela na data focal zero.

Ano	Banco ITAI	Banco HSBX
0		200,00
1	110,00	
2	121,00	363,00
3	532,40	133,10

Como já conhecemos os resultados dos fluxos de caixa do Banco ITAI e do Banco HSBX (são idênticos e calculados à mesma taxa que os Fluxos A e B do exemplo anterior) temos que $VA_0^{ITAI} = 483,796296\ldots e VA_0^{HSBX} = 529,108796\ldots$ logo, a diferença entre os fluxos, a ser acrescentada na data focal zero do Banco ITAI, é dada por: $DIF_0 = VA_0^{HSBX} - VA_0^{ITAI} = 529,108796\ldots - 483,796296\ldots = 45,3125\ldots$ A troca entre os bancos deverá ser feita por

Ano	Banco ITAI novo fluxo	Banco HSBX
0	0 + 45,31 = 45,31	200,00
1	110,00	
2	121,00	363,00
3	532,40	133,10

Caso desejarmos tornar os fluxos equivalentes alterando, porém, o valor da data focal do ano 2, do Banco ITAI, devemos acrescentar àquele valor $DIF_2 = DIF_0(1+i)^2 = 45,3125\ldots(1+0,20)^2 = 65,25\ldots$

A troca entre os bancos deverá ser feita por

Ano	Banco ITAI novo fluxo	Banco HSBX
0		200,00
1	110,00	
2	121,00 + 65,25 = 186,25	363,00
3	532,40	133,10

Tanto o exemplo anterior como este mostram situações de equivalência de capitais cujo valor atual, nos fluxos dos Bancos ITAI e HSBX, são iguais a 529,11.

Desafio: faça você mesmo a prova de verificação

Exercício 2: Considerando os fluxos de caixa dos Bancos NORTE e SUL, encontrar o valor de X para que os referidos fluxos sejam equivalentes a uma taxa de juros compostos de 25% ao ano. (Resposta: R$ 12.200,00.)

Ano	Banco NORTE	Banco SUL
0		
1	12.000,00	16.000,00
2	14.000,00	X
3	16.000,00	12.000,00

8.5 Cálculo do fluxo equivalente

Objetivo dos exemplos: dado um fluxo conhecido, encontrar um outro equivalente com determinadas características. Pode-se dividir as soluções de acordo com diferentes combinações de fluxos:

- Fluxos 1 × 1: tanto o fluxo que se tem como o que se deseja obter são fluxos de apenas um vencimento.

- Fluxos n × 1: o fluxo conhecido tem mais de um vencimento, mas o que se deseja obter tem apenas um vencimento.

- Fluxos n × n: ambos os fluxos têm mais de um vencimento.

8.5.1 Fluxos 1 × 1

EXEMPLO 8.5 Um empresário deseja substituir uma dívida de R$ 3.500,00, que vence daqui a 6 meses, por outra com vencimento em 18 meses. Sabendo-se que o banco credor da dívida trabalha com uma taxa de juros de 3% ao mês, qual será o valor da dívida no novo vencimento proposto?

Dados:
$S_1 = 3.500,00$
$i_m = 3\% \, (0,03)$ a.m.
$S_2 = ?$

Solução:

$$VA_0 = \frac{S_1}{(1+i)^6} = \frac{S_2}{(1+i)^{18}} =$$

$$\frac{3.500}{(1+0,03)^6} = \frac{S_2}{(1+0,03)^{18}} \leftrightarrow$$

$$S_2 = 3.500 \times \frac{(1+0,03)^{18}}{(1+0,03)^6} = 3.500 \times (1+0,03)^{12} = 4.990,1631\ldots$$

Usando a calculadora. $3.500 \times \dfrac{(1+0{,}03)^{18}}{(1+0{,}03)^{6}}$

RPN	ALG	FIN
1.03 [ENTER]	1.03 [y^x]	[clear fin] ([f][X⩾Y])
12 [y^x]	12 [×]	3500 [PV]
3500 [×]	3500 [=]	3 [i]
[×]	⇒ 4.990,1631...	12 [n]
⇒ 4.990,1631...		[FV]
		⇒ −4.990,1631...

Note que, neste tipo de problema, é possível encontrar o valor equivalente aplicando diretamente a equação de valor $S = P(1 + i)^n$ (onde n é a diferença de tempo existente entre as datas focais de cada um dos valores):

$$VA_{18} = VA_6(1 + 0{,}03)^{12} = 4.990{,}1631\ldots$$

Resposta: R$ 4.990,16.

Exercícios com resolução de forma análoga ao exemplo anterior.

Exercício 3: Uma pessoa deseja antecipar uma dívida de R$ 8.700,00, que vence em 1 ano, por outra com vencimento em 4 meses. Sabendo-se que o credor concorda em antecipar o recebimento à taxa de juros de 2,5% ao mês, qual será o valor da dívida no novo vencimento proposto? (Resposta: R$ 7.140,50.)

Exercício 4: Uma dívida de R$ 11.300,00, que vence em 1 ano, será adiada para um novo vencimento daqui a 3,5 anos. Sabendo-se que a taxa de juros é de 15% ao ano, qual é o valor da referida dívida na nova data de vencimento? (Resposta: R$ 16.025,92.)

8.5.2 Fluxos n × 1

EXEMPLO 8.6 Uma empresa possui uma dívida composta de uma série de pagamentos conforme fluxo abaixo e deseja convertê-la em apenas um único vencimento, daqui a 8 meses. Sabendo-se que a taxa de juros é de 2% ao mês, qual deve ser o valor da dívida no novo vencimento único?

Mês	Dívida atual	Nova dívida
0	12.000,00	
1	12.000,00	
2	12.000,00	
3	12.000,00	
4		
5		
6		
7	12.000,00	
8		$R_8 = ?$

Estratégia de solução: calcula-se o valor atual (principal) do fluxo conhecido e, após, com aquele principal conhecido, calcula-se o valor futuro.

$$VA_0 = \sum_{j=0} \frac{R_j}{(1+i)^j} = 12.000 + \frac{12.000}{(1+0{,}02)} + \frac{12.000}{(1+0{,}02)^2} + \frac{12.000}{(1+0{,}02)^3} + \frac{12.000}{(1+0{,}02)^7} = 57.053{,}3214\ldots$$

$$R_n = VA_0(1+0{,}0i)^n = 57.053{,}3214\ldots \times (1+0{,}02)^8 = 66.847{,}0592\ldots$$

Usando a calculadora.

	RPN
	12.000,00000...
12000 [ENTER] 1.02 [÷]	11.764,70588...
12000 [ENTER] 1.02 [ENTER] 2 [y^x] [÷]	11.534,02537...
12000 [ENTER] 1.02 [ENTER] 3 [y^x] [÷]	11.307,86801...
12000 [ENTER] 1.02 [ENTER] 7 [y^x] [÷]	10.446,72214...
$\sum \Rightarrow$	57.053,3214...
1,02 [ENTER] 8 [y^x] [×] $\Rightarrow$	66.847,0592...

$$VA_0 = \sum_{j=0} \frac{R_j}{(1+i)^j} = 12.000 + \frac{12.000}{(1+0{,}02)} + \frac{12.000}{(1+0{,}02)^2} + \frac{12.000}{(1+0{,}02)^3} + \frac{12.000}{(1+0{,}02)^7} = 57.053{,}3214$$

$$R_n = VA_0(1+0{,}0i)^n = 57.053{,}3214\ldots \times (1+0{,}02)^8 = 66.847{,}0592\ldots$$

Usando a calculadora.

	ALG
	12.000,00000...
12000 ÷ 1.02 [=]	11.764,70588...
12000 [÷] [(] 1.02 [y^x] 2 [=]	11.534,02537...
12000 [÷] [(] 1.02 [y^x] 3 [=]	11.307,86801...
12000 [÷] [(] 1.02 [y^x] 7 [=]	10.446,72214...
$\sum \Rightarrow$	57.053,3214...
[×] [(] 1.02 [y^x] 8 [=] $\Rightarrow$	66.847,0592...

Usando a calculadora.

	FIN	
	clear reg	(f)(CLX)
12000	Cf₀	(g)(PV)
12000	Cfⱼ	(g)(PMT)
3	Nⱼ	(g)(FV)
0	Cfⱼ	
3	Nⱼ	
12000	Cfⱼ	
2	i	
(NPV) ⇒ 57.053,3214...		(f)(PV)
	clear fin	(f)(X ≥ Y)
	(STO)(PV)	
2	i	
8	n	
(FV) ⇒ 66.847,0592...		

Exercício 5: Um banco quer trocar uma série de pagamentos conforme fluxo abaixo por apenas 1 pagamento com vencimento daqui a 6 meses. Sabendo-se que a taxa de juros é de 3% ao mês, qual deve ser o valor do pagamento no novo vencimento único? (Resposta: R$ 13.376,95.)

Mês	Dívida atual	Nova dívida
0		
1	2.000,00	
2	4.000,00	
3	6.000,00	
4		
5		
6		$R_6 = ?$

8.5.3 Fluxos n × n[4]

EXEMPLO 8.7 O Banco AZUL deseja trocar um fluxo de caixa de recebíveis (créditos) de curto prazo, de 3 prestações postecipadas mensais e iguais a R$ 10.000,00 por outro equivalente de 4 prestações trimestrais também postecipadas, com o Banco AMARELO, à taxa de juros de 18% ao ano. Qual foi o valor da prestação trimestral R_t do fluxo utilizado na troca pelo Banco AMARELO?

---

[4] Dado um fluxo com de n valores em diversas datas, encontra-se um outro equivalente com datas de vencimento diferentes.

Mês	Banco AZUL	Banco AMARELO
0		
1	10.000,00	
2	10.000,00	
3	10.000,00	R_t
4		
5		
6		R_t
7		
8		
9		R_t
10		
11		
12		R_t

Estratégia de solução:

- Quando os fluxos são formados por valores iguais, utilizar os recursos e fórmulas de anuidades.

- Usar equivalência de taxas em juros compostos para adequar à taxa de juros de cada fluxo à respectiva periodicidade das anuidades.

- Calcular o valor atual no momento zero do fluxo conhecido (VA_0).

- A partir de VA_0, calcular o valor da prestação do fluxo desconhecido.

$i_m = (1+i_a)^{\frac{1}{12}} - 1 = (1+0{,}18)^{\frac{1}{12}} - 1 = 0{,}01388843035\ldots$ a.m. $= 1{,}388843035\ldots\%$ a.m.

$i_t = (1+i_a)^{\frac{1}{4}} - 1 = (1+0{,}18)^{\frac{1}{4}} - 1 = 0{,}04224663546\ldots$ a.t. $= 4{,}224663546\ldots\%$ a.t.

Usando a calculadora.

Taxa mensal RPN	Taxa mensal FIN	Taxa trimestral RPN	Taxa trimestral FIN
1.18 ENTER	clear fin	1.18 ENTER	clear fin
12 [1/x] [y^x]	100 PV	4 [1/x] [y^x]	100 PV
1 [−]	1 [n]	1 [−]	1 [n]
$\Rightarrow 0{,}013888\ldots$	18 [i]	$\Rightarrow 0{,}042246\ldots$	18 [i]
	[FV]		[FV]
	12 [n]		4 [n]
	[i]		[i]
	$\Rightarrow 1{,}3888\ldots$		$\Rightarrow 4{,}2246\ldots$

$$VA_0 = P = R\frac{(1+i)^n - 1}{i(1+i)^n} = 10.000\frac{(1+0{,}013888\ldots)^3 - 1}{0{,}013888\ldots(1+0{,}013888\ldots)^3} = 29.185{,}58886\ldots$$

$$R = VA_0\frac{i(1+i)^n}{(1+i)^n - 1} = 29.185{,}58886\ldots\frac{0{,}042246\ldots(1+0{,}042246\ldots)^4}{(1+0{,}042246\ldots)^4 - 1} = 8.082{,}95367353\ldots$$

Usando a calculadora.

ALG	RPN	FIN
1.013888… y^x 3	1.013888… ENTER	clear fin (END)
$-$ 1 $\div$ (	3 y^x 1 $-$	10000 PMT
1.013888… y^x 3	1.013888… ENTER	1.3888… i
$\times$	3 y^x	3 n
0.013888…) $\times$	0.013888… $\times$ $\div$	PV
10000 $=$	10000 $\times$	$\Rightarrow 29.185,58886\ldots$
$\Rightarrow 29.185,58886\ldots$	$\Rightarrow 29.185,58886\ldots$	4.2246… i
$\times$ (1,042246… y^x	1.042246… ENTER	4 n
4 $\times$ 0,042246…	.042246… $\times$	PMT
$\div$ (1,042246… y^x	1.042246… ENTER	$\Rightarrow 8.082,95367\ldots$
$-$ 1 $=$	4 y^x 1 $-$ $\times$ $\times$	
$\Rightarrow 8.082,95367\ldots$	$\Rightarrow 8.082,95367\ldots$	

8.6 Problemas

As respostas se encontram no site do Grupo A: www.grupoa.com.br. Para acessá-las, basta buscar pela página do livro, clicar em "Conteúdo online" e cadastrar-se.

1. O Banco LESTE deseja trocar um fluxo de caixa de recebíveis (créditos) de curto prazo, de 4 prestações postecipadas anuais e iguais a R$ 25.000,00 por outro equivalente de 12 prestações mensais também postecipadas. O Banco OESTE concordou em fazer a troca, utilizando a taxa de juros de 28% ao ano. Qual foi o valor da prestação mensal R_m do fluxo utilizado na troca pelo Banco OESTE?

2. Uma empresa substituiu uma série de 48 pagamentos postecipados mensais iguais a R$ 300,00 por um pagamento único vencendo daqui a 2 anos. Sabendo que a taxa de juros compostos utilizada foi de 35% ao ano, calcule o valor do pagamento único.

3. Um banco comprou um fluxo de caixa correspondente ao saldo de um empréstimo que será quitado em 65 prestações mensais postecipadas iguais a R$ 10.000,00. Como forma de pagamento, o banco emite um título de crédito cujo vencimento será daqui a 30 meses. Considerando uma taxa de juros de 4,1% ao mês, calcule o valor de resgate do título.

4. Um banco deseja atender à solicitação de uma empresa devedora que quer substituir uma série de 29 pagamentos postecipados mensais iguais a R$ 270,00 por uma outra série de 3 pagamentos anuais postecipados. Sabendo que a taxa de juros compostos utilizada foi de 3,5% ao mês, calcule o valor da nova prestação anual.

5. Considerando os fluxos abaixo, identifique quais são equivalentes entre si, a uma taxa de juros de 10% ao ano, desprezando diferenças menores de R$ 1,00.

Ano	Fluxo A	Fluxo B	Fluxo C	Fluxo D	Fluxo E
0	225,53	855,80			
1	600,00		1.534,19		
2	600,00				
3	600,00	800,00	1.534,19		
4	600,00	800,00			2.196,15
5	600,00	800,00	1.534,19	5.636,79	3.221,02

6. Os bancos Totalbanco e Banco do Baú, que possuem CDBs cujos valores e vencimentos encontram-se identificados a seguir, querem fazer uma permuta, acertando entre si uma taxa de juros de 30% ao ano. Um dos bancos deverá pagar uma determinada quantia ao outro para que a troca seja adequada. Identifique que banco deverá pagar e qual é a quantia a ser paga.

Ano	Totalbanco	Banco do Baú
0		
1	1.900,00	1.800,00
2	1.900,00	1.800,00
3	1.900,00	1.800,00
4	1.900,00	1.800,00
5		1.800,00
6	29.000,00	28.000,00

7. Um banco é credor de uma série de 12 pagamentos anuais iguais a R$ 2.200,00 postecipados. Por necessidade de caixa, pretende negociar com uma corretora essa anuidade por outra de 10 pagamentos mensais iguais postecipados. Sabendo-se que a taxa de juros acertada com base no mercado entre os dois agentes financeiros é de 36% ao ano, calcule o valor das prestações mensais.

8. Considerando-se uma taxa de juros de 15% ao ano, calcule o valor de X no fluxo do Banco OESTE para que se torne equivalente ao fluxo do Banco LESTE.

Ano	Banco LESTE	Banco OESTE
0	2.000,00	1.000,00
1	3.600,00	2.400,00
2	2.160,00	X
3	4.300,00	5.184,00

9. Um banco comprou um fluxo de caixa correspondente ao saldo de um empréstimo que será quitado em 45 prestações mensais postecipadas iguais a R$ 3.200,00. Para não comprometer os desembolsos de curto prazo, o banco emitiu um título de crédito cujo vencimento será daqui a 4 anos. Considerando uma taxa de juros de 3,7% ao mês, calcule o valor de resgate do título.

CAPÍTULO 9

SISTEMAS DE AMORTIZAÇÃO

9.1 Introdução

Sistemas de amortização são diferentes formas de se pagar um empréstimo.

Apesar do resgate de dívidas em apenas um pagamento ser uma das formas incluídas neste capítulo, é comum entender por amortizar uma dívida a liquidação dessa dívida em mais de um pagamento.

Amortizar é extinguir uma dívida aos poucos ou em prestações (FERREIRA, 1986). Os diferentes sistemas de amortização de um empréstimo produzem fluxos de pagamentos equivalentes entre si; por essa razão, o valor presente dos fluxos de pagamentos, na data focal zero, é igual ao principal do empréstimo.

9.2 Classificação

Os principais tipos de sistemas de amortização em uso no Brasil são:

- Sistema Americano com pagamento de juros no final
- Sistema Americano com pagamento periódico de juros
- Sistema Price ou Francês
- Sistema de Amorizações Constantes (SAC)
- Sistema Misto (SAM) ou Sistema de Amortizações Crescentes (SACRE)

9.3 Planos financeiros

Para compreender melhor os sistemas de amortização, serão apresentadas as diferentes formas de amortizar uma dívida de R$ 800,00, em 4 anos, a uma taxa de juros compostos de 10% ao ano.

Para demonstrar os cálculos, semelhanças e diferenças entre os sistemas, usaremos **planos financeiros**, tabelas que contêm a evolução dos saldos com o transcorrer do tempo. O plano financeiro demonstra, ao longo do tempo, a ocorrência dos principais eventos que vão modificando o saldo de um empréstimo. O plano financeiro também é conhecido como **memória de cálculo** ou **conta gráfica**, sendo muito utilizado para demonstração de cálculos em juízo e para o planejamento financeiro dos tomadores de crédito.

Cada linha corresponde a um período de tempo em que os juros são calculados e acrescentados ao saldo. Se houver pagamento, ele será abatido do saldo.

O pagamento é composto de uma parte de juros e outra referente ao principal denominada amortização do principal ou, simplesmente, amortização. O último pagamento deve ser igual ao valor do saldo, de modo que a dívida fique liquidada completamente.

O valor atual do fluxo dos pagamentos, na data focal zero, deve ser igual ao principal da dívida. A soma das parcelas de amortização também é igual ao principal.

Descrição das colunas do plano financeiro:

- **Saldo inicial** = saldo final anterior (na primeira linha corresponde ao principal)
- **Juros calculados** = saldo inicial x taxa unitária
- **Saldo após juros** = saldo inicial + juros calculados
- **Pagamento** = amortização do principal + juros a serem pagos
    - Amortização: parcela do pagamento referente ao principal
    - Juros a serem pagos: parcela do pagamento referente aos juros
- **Saldo final** = saldo inicial + juros calculados − pagamento

9.3.1 Sistema Americano com pagamento de juros no final

O Sistema Americano se caracteriza por pagar todo o principal na última prestação; nessa alternativa do sistema americano, os juros também serão pagos no final, ou seja, o montante será pago de uma só vez, ao final.

	Saldo inicial	Juros calc.	Saldo após juros	Pgto.	Amort.	Juros pagos	Saldo final
n	S_{n-1}	J_n $S_{n-1} \cdot i$	S_n^j $S_{n-1} + J_n$	$R_n =$ $A_n + J_n$	$A_n +$	J_n	S_n $S_n^j - R_n$
1	800,00	80,00	880,00				880,00
2	880,00	88,00	968,00				968,00
3	968,00	96,80	1.064,80				1.064,80
4	1.064,80	106,48	1.171,28	1.171,28	800,00	371,28	0
Totais		371,28		1.171,28	800,00	371,28	

Na linha assinalada, o saldo inicial do plano financeiro é o próprio principal, R$ 800,00. Na coluna seguinte, os juros são calculados multiplicando o saldo inicial pela taxa unitária 0,10. A soma do saldo inicial e dos juros constituem o saldo após os juros (antes do pagamento). Como não existem pagamentos nesse período, o saldo final será o mesmo que o saldo após os juros.

Na segunda linha assinalada (veja a seguir), vemos o saldo inicial igual a R$ 880,00, que corresponde ao saldo final da linha anterior. As demais colunas repetem os procedimentos verificados na linha anterior: juros = saldo inicial × taxa unitária (880,00 × 0,10 = 968,00), soma dos juros ao saldo e inexistência de pagamentos. O mesmo acontecerá na linha seguinte.

n	Saldo inicial	Juros calc.	Saldo após juros	Pgto.	Amort.	Juros pagos	Saldo final
	S_{n-1}	J_n	S_n^j	$R_n =$	$A_n +$	J_n	S_n
		$S_{n-1} \cdot i$	$S_{n-1} + J_n$	$A_n + J_n$			$S_n^j - R_n$
1	800,00	80,00	880,00				880,00
2	880,00	88,00	968,00				968,00
3	968,00	96,80	1.064,80				1.064,80
4	1.064,80	106,48	1.171,28	1.171,28	800,00	371,28	0
Totais		371,28		1.171,28	800,00	371,28	

O último período apresenta diferenças em relação aos anteriores, porque existe o pagamento. Ele deve ser do mesmo valor do saldo acumulado (1.171,28), de forma que o saldo final fique zero.

n	Saldo inicial	Juros calc.	Saldo após juros	Pgto.	Amort.	Juros pagos	Saldo final
	S_{n-1}	J_n	S_n^j	$R_n =$	$A_n +$	J_n	S_n
		$S_{n-1} \cdot i$	$S_{n-1} + J_n$	$A_n + J_n$			$S_n^j - R_n$
		$S_{n-1} \cdot i$	$S_{n-1} + J_n$	$A_n + J_n$			$S_n^j - R_n$
1	800,00	80,00	880,00				880,00
2	880,00	88,00	968,00				968,00
3	968,00	96,80	1.064,80				1.064,80
4	1.064,80	106,48	1.171,28	1.171,28	800,00	371,28	0
Totais		371,28		1.171,28	800,00	371,28	

Observações sobre o SA com pagamento de juros ao final:

- Não há pagamentos antes do último período
- O saldo da dívida, ao final de qualquer período **n,** pode ser calculado por $S = P(1+i)^n$
- O último pagamento é dado por $R_n = S = 800(1+0,10)^4 = 1.171,28$
- A soma da coluna das parcelas de amortização do principal totaliza o principal: 800,00
- O valor atual do fluxo dos pagamentos é igual ao principal: $VA_0 = \dfrac{1.171,28}{(1+0,10)^n} = 800,00$

9.3.2 Sistema Americano com pagamento periódico de juros

Essa versão do Sistema Americano, que também se caracteriza pelo pagamento de todo o principal na última prestação, estabelece que todo juro gerado deve ser pago no próprio período de sua geração. Assim, evita-se a capitalização dos juros.

n	Saldo inicial S_{n-1}	Juros calc. J_n	Saldo após juros S_n^j	Pgto. $R_n =$	Amort. $A_n +$	Juros pagos J_n	Saldo final S_n
		$S_{n-1} \cdot i$	$S_{n-1} + J_n$	$A_n + J_n$			$S_n^j - R_n$
1	800,00	80,00	880,00	80,00		80,00	800,00
2	800,00	80,00	880,00	80,00		80,00	800,00
3	800,00	80,00	880,00	80,00		80,00	800,00
4	800,00	80,00	880,00	880,00	800,00	80,00	0
	Totais	320,00		1.120,00	800,00	320,00	

A primeira linha tem como saldo inicial o principal, em que são agregados os juros, e, após o pagamento deles, o saldo final volta a ser o mesmo inicial: o pagamento dos juros impediu que fossem capitalizados e pudessem render juros. As linhas seguintes, com exceção da última, são iguais.

Na última linha, o saldo somado aos juros é pago integralmente, ou seja, paga-se o principal e mais o valor do último cálculo dos juros.

n	Saldo inicial S_{n-1}	Juros calc. J_n	Saldo após juros S_n^j	Pgto. $R_n =$	Amort. $A_n +$	Juros pagos J_n	Saldo final S_n
		$S_{n-1} \cdot i$	$S_{n-1} + J_n$	$A_n + J_n$			$S_n^j - R_n$
1	800,00	80,00	880,00	80,00		80,00	800,00
2	800,00	80,00	880,00	80,00		80,00	800,00
3	800,00	80,00	880,00	80,00		80,00	800,00
4	800,00	80,00	880,00	880,00	800,00	80,00	0
	totais	320,00		1.120,00	800,00	320,00	

Observações sobre o SA com pagamento periódico de juros:

- Os juros gerados a cada período são pagos
- O saldo da dívida, ao final de qualquer período **n**, com exceção do último, é sempre igual ao principal
- O último pagamento é dado por $S = 800(1 + 0{,}10) = 880{,}00$
- A soma da coluna das parcelas de amortização do principal totaliza o principal: 800,00
- O valor atual do fluxo dos pagamentos é igual ao principal: $VA_0 = \dfrac{80}{(1+0{,}10)^1} + \dfrac{80}{(1+0{,}10)^2} + \dfrac{80}{(1+0{,}10)^3} + \dfrac{880}{(1+0{,}10)^4} = 800{,}00$
- Esse sistema parece ser de juros simples, e há alguns autores que assim o consideram; entretanto, se juros simples fossem, a igualdade do valor atual acima não seria possível (DAL ZOT, 2008, p. 133; FARO; LACHTERMACHER, 2012, p.260).

9.3.3 Sistema Price ou Francês

No sistema Price, os pagamentos são iguais; o valor de cada pagamento é obtido pelo cálculo de uma anuidade postecipada: $R = P\dfrac{i(1+i)^n}{(1+i)^n - 1} = 800\dfrac{0{,}10(1+0{,}10)^4}{(1+0{,}10)^4 - 1} = 252{,}38$; logo, ao montar-se o plano financeiro, a coluna dos pagamentos deve ser a primeira a ser preenchida.

n	Saldo inicial S_{n-1}	Juros calc. J_n $S_{n-1} \cdot i$	Saldo após juros S_n^j $S_{n-1} + J_n$	Pgto. $R_n =$ $A_n + J_n$	Amort. $A_n +$	Juros pagos J_n	Saldo final S_n $S_n^j - R_n$
1	800,00	80,00	880,00	252,38	172,38	80,00	627,62
2	627,62	62,76	690,38	252,38	189,62	62,76	438,00
3	438,00	43,80	481,80	252,38	208,58	43,80	229,42
4	229,42	22,94	252,36	252,36	229,42	22,94	0
	Totais	209,50		1.009,50	800,00	209,50	

O pagamento R_n de cada período é desdobrado em duas parcelas: uma correspondente à amortização do principal A_n e a outra aos juros J_n. Em qualquer pagamento, os juros devem ser pagos antes do principal. No caso do primeiro pagamento, teremos $R_1 = A_1 + J_1 = 252{,}38 = A_1 - 80{,}00 \rightarrow A_1 = 172{,}38$.

	Saldo inicial	Juros calc.	Saldo após juros	Pgto.	Amort.	Juros pagos	Saldo final
n	S_{n-1}	J_n	S_n^j	$R_n =$	$A_n +$	J_n	S_n
		$S_{n-1} \cdot i$	$S_{n-1} + J_n$	$A_n + J_n$			$S_n^j - R_n$
1	800,00	80,00	880,00	252,38	172,38	80,00	627,62
2	627,62	62,76	690,38	252,38	189,62	62,76	438,00
3	438,00	43,80	481,80	252,38	208,58	43,80	229,42
4	229,42	22,94	252,36	252,36	229,42	22,94	0
	Totais	209,50		1.009,50	800,00	209,50	

As demais linhas seguem o mesmo procedimento que a primeira. O último pagamento deve ser igual ao saldo. A diferença entre o saldo (252,36) e a prestação calculada (252,38) deve-se ao arredondamento da prestação.

	Saldo inicial	Juros calc.	Saldo após juros	Pgto.	Amort.	Juros pagos	Saldo final
n	S_{n-1}	J_n	S_n^j	$R_n =$	$A_n +$	J_n	S_n
		$S_{n-1} \cdot i$	$S_{n-1} + J_n$	$A_n + J_n$			$S_n^j - R_n$
1	800,00	80,00	880,00	252,38	172,38	80,00	627,62
2	627,62	62,76	690,38	252,38	189,62	62,76	438,00
3	438,00	43,80	481,80	252,38	208,58	43,80	229,42
4	229,42	22,94	252,36	252,36	229,42	22,94	0
	Totais	209,50		1.009,50	800,00	209,50	

Observações sobre o sistema Price:

- O valor do pagamento é obtido pelo cálculo de uma prestação postecipada
- Os juros gerados a cada período são pagos primeiramente
- O valor atual do fluxo dos pagamentos é igual ao principal: $VA_0 = P = \frac{252,38}{(1+0,10)} + \frac{252,38}{(1+0,10)^2} + \frac{252,38}{(1+0,10)^3} + \frac{252,36}{(1+0,10)^4} = 800,00$
- A soma da coluna das parcelas de amortização do principal totaliza o principal: 800,00
- O saldo final de cada período pode ser calculado pela soma das parcelas de amortização dos pagamentos que faltam (por exemplo, $S_2 = A_3 + A_4 = 208,58 + 229,42 = 438,00$) ou pelo valor atual dos pagamentos que faltam: $VA = \frac{252,38}{(1+0,10)} + \frac{252,36}{(1+0,10)^2} = 438,00$.

9.3.4 Sistema de amortizações constantes – SAC

O sistema de amortizações constantes é feito de forma que a parcela referente à amortização do principal seja sempre igual. Ela é dada por $A = \dfrac{P}{n} = \dfrac{800}{4} = 200$; assim, nesse sistema, o plano tem a coluna das amortizações preenchidas em primeiro lugar. O pagamento de cada ano é dado pela soma da amortização mais os juros correspondentes.

	Saldo inicial	Juros calc.	Saldo após juros	Pgto.	Amort.	Juros pagos	Saldo final
n	S_{n-1}	J_n	S_n^j	$R_n =$	$A_n +$	J_n	S_n
		$S_{n-1} \cdot i$	$S_{n-1} + J_n$	$A_n + J_n$			$S_n^j - R_n$
1	800,00	80,00	880,00	280,00	200,00	80,00	600,00
2	600,00	60,00	660,00	260,00	200,00	60,00	400,00
3	400,00	40,00	440,00	240,00	200,00	40,00	200,00
4	200,00	20,00	220,00	220,00	200,00	20,00	0
Totais		200,00		1.000,00	800,00	200,00	

Observações sobre o sistema de amortizações constantes – SAC:

- A amortização do principal A_n de cada pagamento é constante e igual a $\dfrac{P}{n}$
- Cada pagamento $R_n = A + J_n$
- O valor atual do fluxo dos pagamentos é igual ao principal $VA_0 = P = \dfrac{280,00}{(1+0,10)} + \dfrac{260,00}{(1+0,10)^2} + \dfrac{240,00}{(1+0,10)^3} + \dfrac{220,00}{(1+0,10)^4} = 800,00$
- A soma da coluna das parcelas de amortização do principal totaliza o principal: 800,00
- O saldo final de cada período pode ser calculado pela soma das parcelas de amortização dos pagamentos que faltam; por exemplo: $S_2 = A_3 + A_4 = 200 + 200 = 400,00$ ou pelo valor atual dos pagamentos que faltam: $VA = \dfrac{240}{(1+0,10)} + \dfrac{220}{(1+0,10)^2} = 400,00$

9.3.5 Sistema de amortização misto – SAM

No sistema de amortização misto, os pagamentos são a média aritmética dos pagamentos respectivos dos sistemas Price e SAC. Calcula-se inicialmente a coluna dos pagamentos: por exemplo, o primeiro pagamento é dado por $R_1 = \dfrac{252,38 + 280,00}{2} = 266,19$; o resto do plano financeiro segue o mesmo processo do Price.

n	Saldo inicial S_{n-1}	Juros calc. J_n $S_{n-1}\cdot i$	Saldo após juros S_n^j $S_{n-1} + J_n$	Pgto. $R_n =$ $A_n + J_n$	Amort. $A_n +$	Juros pagos J_n	Saldo final S_n $S_n^j - R_n$
1	800,00	80,00	880,00	266,19	186,19	80,00	613,81
2	613,81	61,38	675,19	256,19	194,81	61,38	419,00
3	419,00	41,90	460,90	246,19	204,29	41,90	214,71
4	214,71	21,47	236,18	236,18	214,71	21,47	0
	Totais	204,75		1.004,75	800,00	204,75	

Observações sobre o sistema de amortização misto – SAM:

- Os pagamentos são as médias dos pagamentos correspondentes dos sistemas Price e SAC: $R_n^{SAM} = \dfrac{R_n^{Price} + R_n^{SAC}}{2}$

- O valor atual do fluxo dos pagamentos é igual ao principal: $VA_0 = P = \dfrac{266,19}{(1+0,10)} + \dfrac{256,19}{(1+0,10)^2} + \dfrac{246,19}{(1+0,10)^3} + \dfrac{236,18}{(1+0,10)^4} = 800,00$

- A soma da coluna das parcelas de amortização do principal totaliza o principal: 800,00

- O saldo final de cada período pode ser calculado pela soma das parcelas de amortização dos pagamentos que faltam; por exemplo: $S_2 = A_3 + A_4 = 204,29 + 214,71 = 419,00$ ou pelo valor atual dos pagamentos que faltam: $VA = \dfrac{246,19}{(1+0,10)} + \dfrac{236,18}{(1+0,10)^2} = 419,00$

9.4 Reflexões finais sobre os sistemas de amortização

- Os sistemas de amortização se caracterizam por serem formas diferentes de resgate de uma dívida.

- Eles são equivalentes entre si por apresentarem mesmo valor atual na data focal zero, na mesma taxa de juros compostos pactuada, igual ao principal.

- Ao efetuar qualquer pagamento, primeiramente são pagos os juros.

- O saldo final de cada período pode ser calculado pela soma das parcelas de amortização dos pagamentos que faltam.

- O saldo final de cada período também pode ser calculado pelo valor atual dos pagamentos que faltam.

9.5 Desafios

Desafio 1: Você aprendeu que o valor atual do fluxo dos pagamentos, à mesma taxa de juros compostos do empréstimo, em qualquer um dos sistemas de amortização estudados, reproduz o principal.

Por exemplo, no caso do sistema de amortizações constantes – SAC, temos:

$$VA_0 = P = \frac{280,00}{(1+0,10)} + \frac{260,00}{(1+0,10)^2} + \frac{240,00}{(1+0,10)^3} + \frac{220,00}{(1+0,10)^4} = 800,00$$

Como desafio, deve-se encontrar o valor atual (principal) dos fluxos de pagamentos dos sistemas de amortizações aprendidos utilizando o recurso financeiro da calculadora, em especial o de *cash-flow* (função **NPV**).

Desafio 2: Por meio da evolução do plano financeiro, você já sabe como encontrar qualquer um dos valores, tanto do pagamento como do saldo, em qualquer período, para os diferentes sistemas de amortizações apresentados. Tomando os dados do mesmo problema:

$P = 800,00$
$i = 10\%$ a.a.
$n = 4$ a

Para cada sistema de amortização, calcular o valor do terceiro pagamento e o saldo ao final do terceiro período sem se basear na construção do plano financeiro, mas levando em conta as propriedades e características de cada um dos sistemas.

9.6 Solução dos desafios

9.6.1 Sistema Americano com pagamento de juros ao final

O Sistema Americano se caracteriza por pagar todo o principal na última prestação. Os juros também serão pagos no final, ou seja, o montante será pago de uma só vez.

n	Saldo inicial	Juros calc.	Saldo após juros	Pgto.	Amort.	Juros pagos	Saldo final
	S_{n-1}	J_n	S_n^j	$R_n =$	$A_n +$	J_n	S_n
		$S_{n-1} \cdot i$	$S_{n-1} + J_n$	$A_n + J_n$			$S_n^j - R_n$
1	800,00	80,00	880,00				880,00
2	880,00	88,00	968,00				968,00
3	968,00	96,80	1.064,80				1.064,80
4	1.064,80	106,48	1.171,28	1.171,28	800,00	371,28	0
Totais		371,28		1.171,28	800,00	371,28	

Cálculo do valor atual do fluxo de pagamentos:
Pela fórmula:

$$VA_0 = \frac{0}{(1+0{,}10)^0} + \frac{0}{(1+0{,}10)^1} + \frac{0}{(1+0{,}10)^2} + \frac{0}{(1+0{,}10)^3} + \frac{1.171{,}28}{(1+0{,}10)^4} =$$

$$P = 800{,}00$$

> *Usando a calculadora.*

Financeiro básico	Cash-flow 1	Cash-flow 2
clear fin	clear reg	clear reg
10 i	0 Cf_0	0 Cf_0
4 n	0 Cf_j	0 Cf_j
1171.28 FV	0 Cf_j	3 N_j
PV	0 Cf_j	1171.28 Cf_j
$\rightarrow$ 800,00	1171.28 Cf_j	10 i NPV
	10 i NPV	$\rightarrow$ 800,00
	$\rightarrow$ 800,00	

Existe uma correspondência entre as funções financeiras e as teclas da calculadora:
clear fin → f $X \geqslant Y$; clear reg → f CLX ; Cf_0 → g PMT; Cf_j → g PV e NPV → f PV.

Os passos de *cash-flow* acima foram feitos para HP 12c; em calculadoras como HP 10BII, no passo 2, substitui-se **0** Cf_0 por **0** Cf_j.

Cálculo do saldo ao final do terceiro período:

$$S_3 = P(1+i)^3 = 800(1+0{,}10)^3 = 1.064{,}80$$

> *Usando a calculadora.*

clear fin	
800	PV
3	n
10	i
FV →	1.064,80

Cálculo do terceiro pagamento:
Por se tratar do Sistema Americano com pagamento dos juros ao final, sabe-se que a dívida somente será resgatada no último período (neste caso, no quarto período). Logo, o terceiro pagamento é zero.

9.6.2 Sistema Americano com pagamento periódico de juros

Esta versão do sistema americano, que também se caracteriza pelo pagamento de todo o principal na última prestação, estabelece que todo juro gerado deve ser pago no próprio período de sua geração. Assim, evita-se a capitalização dos juros.

n	Saldo inicial S_{n-1}	Juros calc. J_n $S_{n-1} \cdot i$	Saldo após juros S_n^j $S_{n-1} + J_n$	Pgto. $R_n =$ $A_n + J_n$	Amort. $A_n +$	Juros pagos J_n	Saldo final S_n $S_n^j - R_n$
1	800,00	80,00	880,00	80,00		80,00	800,00
2	800,00	80,00	880,00	80,00		80,00	800,00
3	800,00	80,00	880,00	80,00		80,00	800,00
4	800,00	80,00	880,00	880,00	800,00	80,00	0
	Totais	320,00		1.120,00	800,00	320,00	

Cálculo do valor atual do fluxo de pagamentos:
Pela fórmula:

$$VA_0 = \frac{0}{(1+0{,}10)^0} + \frac{80}{(1+0{,}10)^1} + \frac{80}{(1+0{,}10)^2} + \frac{80}{(1+0{,}10)^3} + \frac{880}{(1+0{,}10)^4} =$$
$$P = 800{,}00$$

Usando a calculadora.

Cash-flow 1	Cash-flow 2
clear reg	clear reg
0 Cf_0	0 Cf_0
80 Cf_j	80 Cf_j
80 Cf_j	3 N_j
80 Cf_j	880 Cf_j
880 Cf_j	10 i NPV
10 i NPV	→ 800,00
→ 800,00	

Cálculo do saldo ao final do terceiro período:
Como todos os juros calculados a cada período vão sendo pagos, neste sistema, ao final de cada período, exceto o último, o saldo é sempre igual ao principal. Logo, o saldo ao final do terceiro período é R$ 800,00.

Cálculo do terceiro pagamento:
Neste sistema, a cada período os juros calculados são pagos sempre retornando o saldo ao valor principal. Logo, o pagamento em cada um dos períodos será dado por $R = P \cdot i = 8.000, 10 = 80,00$, com exceção do último pagamento onde também se paga o principal ficando $R = P \cdot i + P = 800 \times 0,10 + 800 = 880,00$.

9.6.3 Sistema Price ou Francês

No sistema Price, os pagamentos são iguais. O valor de cada pagamento é óbtido pelo cálculo de uma anuidade postecipada: $R = P\dfrac{i(1+i)^n}{(1+i)^n - 1} = 800\dfrac{0,10(1+0,10)^4}{(1+0,10)^4 - 1} = 252,38$; logo, ao se montar o plano financeiro, a coluna dos pagamentos deve ser a primeira a ser preenchida.

n	Saldo inicial S_{n-1}	Juros calc. J_n	Saldo após juros S_n^j	Pgto. $R_n =$	Amort. $A_n +$	Juros pagos J_n	Saldo final S_n
		$S_{n-1} \cdot i$	$S_{n-1} + J_n$	$A_n + J_n$			$S_n^j - R_n$
1	800,00	80,00	880,00	252,38	172,38	80,00	627,62
2	627,62	62,76	690,38	252,38	189,62	62,76	438,00
3	438,00	43,80	481,80	252,38	208,58	43,80	229,42
4	229,42	22,94	252,36	252,36	229,42	22,94	0
Totais		209,50		1.009,50	800,00	209,50	

Cálculo do valor atual do fluxo de pagamentos:
Pela fórmula:

$$VA_0 = \dfrac{0}{(1+0,10)^0} + \dfrac{252,38}{(1+0,10)^1} + \dfrac{252,38}{(1+0,10)^2} + \dfrac{252,38}{(1+0,10)^3} + \dfrac{252,36}{(1+0,10)^4} =$$
$$P = 800,00$$

Usando a calculadora.

Financeiro básico	Cash-flow 1	Cash-flow 2
clear fin	clear reg	clear reg
10 $\boxed{i}$	0 $\boxed{Cf_0}$	0 $\boxed{Cf_0}$
4 $\boxed{n}$	252,38 $\boxed{Cf_j}$	252,38 $\boxed{Cf_j}$
252,38 $\boxed{\text{PMT}}$	252,38 $\boxed{Cf_j}$	3 $\boxed{N_j}$
$\boxed{\text{PV}}$	252,38 $\boxed{Cf_j}$	252,36 $\boxed{Cf_j}$
$\to 800,01$	252,36 $\boxed{Cf_j}$	10 $\boxed{i}\boxed{\text{NPV}}$
	10 $\boxed{i}\boxed{\text{NPV}}$	$\to 800,00$
	$\to 800,00$	

Observe que o último pagamento em um sistema Price deve se ajustar ao saldo. Como a prestação calculada geralmente sofre um arredondamento, o saldo antes do último pagamento poderá ser diferente do valor da prestação calculada. Assim, se calcularmos o valor atual considerando a última prestação como igual às demais, o valor, neste caso, ficará um centavo maior (800,01).

Cálculo do saldo ao final do terceiro período:
O melhor método para se calcular o saldo a pagar em um sistema Price é calcularmos o valor atual dos pagamentos que faltam. Neste caso, desprezamos a questão de eventual diferenças por arredondamentos no cálculo da prestação. Considerando **n** a quantidade de pagamentos que faltam, a fórmula do saldo seria o valor atual de uma postecipada:

$VA = R\dfrac{(1+i)^n - 1}{i(1+i)^n} = 252{,}38\dfrac{(1+0{,}10)^1 - 1}{0{,}10(1+0{,}10)^1} = 229{,}44$ (Veja que o valor esperado no plano financeiro seria 229,42: a diferença de 0,02 fica por conta do arredondamento do cálculo da prestação.)

> *Usando a calculadora.*
>
> $\boxed{\text{clear fin}}$
> 252,38 $\boxed{\text{PMT}}$
> 1 $\boxed{\text{n}}$
> 10 $\boxed{\text{i}}$
> $\boxed{\text{PV}} \rightarrow 229{,}44$

Cálculo do terceiro pagamento:
Nesse sistema, todos os pagamentos são iguais, neste caso, a R$ 252,38, com ressalva à questão do último pagamento, mas irrelevante quanto ao objetivo do problema.

9.6.4 Sistema de amortizações constantes – SAC

O sistema de amortizações constantes é feito de forma que a parcela referente à amortização do principal seja sempre igual. O pagamento de cada ano é dado pela soma da amortização mais os juros correspondentes.

	Saldo inicial	Juros calc.	Saldo após juros	Pgto.	Amort.	Juros pagos	Saldo final
n	S_{n-1}	J_n	S_n^j	$R_n =$	$A_n +$	J_n	S_n
		$S_{n-1} \cdot i$	$S_{n-1} + J_n$	$A_n + J_n$			$S_n^j - R_n$
1	800,00	80,00	880,00	280,00	200,00	80,00	600,00
2	600,00	60,00	660,00	260,00	200,00	60,00	400,00
3	400,00	40,00	440,00	240,00	200,00	40,00	200,00
4	200,00	20,00	220,00	220,00	200,00	20,00	0
Totais		200,00		1.000,00	800,00	200,00	

Cálculo do valor atual do fluxo de pagamentos:
Pela fórmula:

$$VA_0 = \frac{0}{(1+0{,}10)^0} + \frac{280}{(1+0{,}10)^1} + \frac{260}{(1+0{,}10)^2} + \frac{240}{(1+0{,}10)^3} + \frac{220}{(1+0{,}10)^4} =$$

$$P = 800{,}00$$

Usando a calculadora.

$$
\begin{array}{r}
\textit{Cash-flow} \\ \hline
\boxed{\text{clear reg}} \\
0\,\boxed{Cf_0} \\
280\,\boxed{Cf_j} \\
260\,\boxed{Cf_j} \\
240\,\boxed{Cf_j} \\
220\,\boxed{Cf_j} \\
10\,\boxed{i}\,\boxed{\text{NPV}} \\
\rightarrow 800{,}00
\end{array}
$$

Cálculo do saldo ao final do terceiro período:
O saldo, em qualquer sistema de amortização, pode ser dado pela soma das parcelas de amortização dos pagamentos que faltam. No sistema de amortizações constantes – SAC, a parcela de amortização é conhecida, igual para todos os pagamentos e dada por $A = \dfrac{P}{n} = \dfrac{800}{4} = 200$. Logo, o saldo é dado por $S_n = h \cdot A = 1 \times 200 = 200$ (onde h é o número de pagamentos que faltam).

Usando a calculadora.

$$
\begin{array}{r}
\boxed{\text{clear fin}} \\
252{,}38\,\boxed{\text{PMT}} \\
1\,\boxed{n} \\
10\,\boxed{i} \\
\boxed{\text{PV}} \rightarrow 229{,}44
\end{array}
$$

Cálculo do terceiro pagamento:
Qualquer pagamento é dado pela parcela de amortização do principal mais os juros calculados no período ($R_n = A_n + J_n = A_3 + J_3$). Os juros do período são calculados pelo produto do saldo do período anterior vezes a taxa de juros ($J_n = S_{n-1} = J_3 = S_2 \cdot i$). O saldo do período anterior (S_2) é dado, como vimos acima, pelo número de pagamentos que faltam (2) vezes o valor da amortização (200): $S_2 = 2 \times 200 = 400$.

Logo, o valor do terceiro pagamento será: $R_3 = A_3 + J_3 = A_3 + S_2 \cdot i = 200 + 400 \times 0{,}10 = 240$).

9.6.5 Sistema de amortização misto – SAM

No sistema de amortização misto, os pagamentos são a média aritmética dos pagamentos respectivos dos sistemas Price e SAC. Calcula-se inicialmente a coluna dos pagamentos: por exemplo, o primeiro pagamento é dado por $R_1 = \dfrac{252,38 + 280,00}{2} = 266,19$; o resto do plano financeiro segue o mesmo processo do Price.

n	Saldo inicial S_{n-1}	Juros calc. J_n $S_{n-1} \cdot i$	Saldo após juros S_n^j $S_{n-1} + J_n$	Pgto. $R_n =$ $A_n + J_n$	Amort. $A_n +$	Juros pagos J_n	Saldo final S_n $S_n^j - R_n$
1	800,00	80,00	880,00	266,19	186,19	80,00	613,81
2	613,81	61,38	675,19	256,19	194,81	61,38	419,00
3	419,00	41,90	460,90	246,19	204,29	41,90	214,71
4	214,71	21,47	236,18	236,18	214,71	21,47	0
Totais		204,75		1.004,75	800,00	204,75	

Cálculo do valor atual do fluxo de pagamentos:
Pela fórmula:

$$VA_0 = \frac{0}{(1+0{,}10)^0} + \frac{266{,}19}{(1+0{,}10)^1} + \frac{256{,}19}{(1+0{,}10)^2} + \frac{246{,}19}{(1+0{,}10)^3} + \frac{236{,}18}{(1+0{,}10)^4} = P = 800{,}00$$

Cash-flow

	clear reg
0	Cf_0
216.19	Cf_j
256.19	Cf_j
246.19	Cf_j
236.18	Cf_j
10	i NPV
	→ 800,00

Cálculo do saldo ao final do terceiro período:
Reafirmando, o saldo, em qualquer sistema de amortização, pode ser dado pela soma das parcelas de amortização dos pagamentos que faltam. No sistema de amortizações misto – SAM, o saldo final de qualquer pagamento pode ser obtido pela média aritmética dos saldos correspondentes dos sistemas Price e SAC: $S_n^{SAM} = \dfrac{S_n^{Price} + S_n^{SAC}}{2} = \dfrac{229{,}42 + 200{,}00}{2} = 214{,}71$.

Cálculo do terceiro pagamento:
Semelhante ao cálculo do saldo final, a prestação de um sistema de amortização misto – SAM também é dada pela média aritmética das prestações correspondentes dos sistemas Price e SAC: $R_n^{SAM} = \dfrac{R_n^{Price} + R_n^{SAC}}{2} = \dfrac{252{,}38 + 240{,}00}{2} = 246{,}19$.

9.7 Problemas

*As respostas se encontram no site do Grupo A: **www.grupoa.com.br**. Para acessá-las, basta buscar pela página do livro, clicar em "Conteúdo online" e cadastrar-se.*

1. Calcular o valor da 8ª prestação de um financiamento de R$ 12.000,00, a uma taxa de juros de 25,50% ao ano, realizado em 24 prestações mensais, sem carência, pelo Sistema Americano com pagamento periódico de juros.

2. Calcular o valor da 6ª prestação de um financiamento de R$ 40.000,00, a uma taxa de juros de 43,50% ao ano, realizado em 6 prestações mensais, sem carência, pelo Sistema Americano com pagamento periódico de juros.

3. O financiamento de uma pequena sala cujo valor à vista é de R$ 32.538,00 foi feito pelo Sistema Price em 37 prestações mensais, à taxa de juros de 19,60% ao ano. Calcular o saldo imediatamente após o pagamento da 28ª parcela.

4. Calcular o saldo devedor de um financiamento de R$ 50.000,00 realizado em 100 prestações mensais, sem carência, pelo Sistema de Amortizações Constantes (SAC), imediatamente após o pagamento da 40ª prestação.

5. Calcular o valor da 23ª prestação do financiamento de um imóvel cujo valor à vista é de R$ 33.530,00, realizado pelos Sistema de Amortizações Constantes (SAC), a uma taxa de juros de 21,30% ao ano, em 41 prestações mensais.

CAPÍTULO 10
ANÁLISE DE INVESTIMENTOS

10.1 Introdução

> **CONCEITO 10.1 Análise de investimentos** "[...] é o estudo dos fluxos de caixa – desembolsos de capital (saídas de caixa) e retornos de investimentos (entradas de caixa) – de um projeto para avaliar sua viabilidade econômica. A viabilidade econômica de um investimento exige a recuperação do capital (retorno do investimento) e a sua remuneração (retorno sobre o investimento)."(REBELATTO, 2004, p. 212)

A análise de investimentos pode ser considerada como um conjunto de critérios que as empresas utilizam na tomada de decisão ao realizar investimentos visando, principalmente, à reposição de ativos existentes (em especial instalações e equipamentos), ao lançamento de novos produtos e à redução de custos. O processo consiste em decidir se um projeto vale a pena (se o retorno sobre o investimento é mais interessante que aplicações no mercado financeiro) ou optar por um entre vários projetos de investimento alternativos.

Segundo Casarotto,

> O desempenho de uma ampla classe de investimentos pode ser medido em termos monetários e, neste caso, utilizam-se técnicas de engenharia econômica fundamentadas na ciência chamada Matemátiva Financeira, que, por sua vez, descreve as relações do binômio tempo e dinheiro, posto que "Tempo é Dinheiro", como assegura a conhecida máxima. (CASAROTTO FILHO; KOPITTKE, 2000, p. 13)

A primeira publicação sobre a aplicação de critérios econômicos em decisões de investimentos que se tem conhecimento é *A Teoria Econômica da Localização dos Caminhos de Ferro*, de Arthur Mellen Wellington (WELLINGTON, 1887). O livro tinha como subtítulo "uma análise das condições de controlar os custos das estradas de ferro, permitindo o uso mais criterioso do capital".

Wellington é considerado o pai do tema da economia da engenharia, que é a análise das consequências econômicas das decisões de engenharia. A importância de seu estudo é evidenciada pela sua inclusão no exame de Fundamentos de Engenharia para a certificação de um engenheiro.

O estudo se apoia principalmente na transformação das consequências das decisões de engenharia para quantias monetárias e de comparação de quantidades em épocas diferentes, com base em juros compostos.

10.2 Princípios de análise de investimentos

Deve-se ao professor Eugene L. Grant o estabelecimento dos princípios que norteiam até hoje as técnicas de análise de investimentos. Em sua publicação *Princípios da engenharia econômica* (GRANT; IRESON; LEAVENWORTH, 1990), editado pela primeira vez em 1930, destacam-se os seguintes princípios:

- Não existe decisão a ser tomada se houver apenas uma alternativa
- Só podem ser comparadas alternativas homogêneas
- Apenas diferenças entre as alternativas devem ser consideradas
- Os critérios de decisão devem reconhecer o valor do dinheiro no tempo
- Devem ser considerados os problemas de racionamento de capital
- Devem ser consideradas as incertezas em relação às previsões

10.3 Limites da abordagem de análise de investimentos na Matemática Financeira

Ao contextualizar a análise de investimentos, inicialmente e, ainda hoje, também conhecida por engenharia econômica ou orçamento de capital, vimos que seus principais métodos se baseiam na Matemática Financeira. Assim, neste tópico da disciplina, temos como objetivo o estudo da base matemática dos métodos da análise de investimentos, deixando para outras disciplinas como Projetos (cursos de Economia), Engenharia Econômica (cursos de Engenharia) ou Administração Financeira (cursos de Administração) a complementação de itens como:

- Elaboração do fluxo de caixa com base em projeções econômico-financeiras
- Exame cuidadoso das despesas que entram no fluxo de caixa e outras que não entram (como variações nas necessidades de capital de giro, depreciação, provisões, custos, etc.)
- Impacto do risco e incerteza na análise
- Metodologias envolvendo diversos cenários e considerações sobre métodos probabilísticos

O aluno que desejar se aprofundar nessa matéria poderá consultar obras de autores como Gitman (2004), Ross et al. (2013), Bierman Jr.; Schmidt (2007) e Brealey; Myers; Allen (2008).

10.4 Conceitos básicos

É comum considerar **investimento** como qualquer aplicação financeira com alguma expectativa de ganho futuro (juros ou lucros). Em Economia, entretanto, costuma-se conceituar investimento como o gasto em bens que representem aumento da capacidade produtiva da economia, isto é, a capacidade de gerar rendas futuras (VASCONCELLOS, 2009, p. 208). Normalmente está associado a gastos com bens de capital ou a estoques. Nessa abordagem, o investimento tem por objetivo o aumento da produção de bens ou serviços, rendendo lucro, e distinguindo-se, no enfoque econômico, das aplicações financeiras, que apoiam a produção apenas de forma indireta, as quais rendem juros.

10.4.1 Taxa interna de retorno – TIR

Assim como *juros* são a renda de uma aplicação financeira e a taxa de juros é a medida relativa de sua grandeza, o **lucro** ou **retorno** é a renda de um investimento e a taxa interna de retorno é a medida relativa da grandeza do retorno.

> **CONCEITO 10.2** A **taxa interna de retorno** (IRR – *internal rate of return*) é tal que satisfaz a equação:
>
> $$VA_0 = \frac{R_0}{(1+TIR)^0} + \frac{R_1}{(1+TIR)^1} + \cdots + \frac{R_{n-1}}{(1+TIR)^{n-1}} + \frac{R_n}{(1+TIR)^n} = 0$$
>
> onde, geralmente, R_0 corresponde ao valor do *investimento* e é apresentado com valor negativo (saída de caixa), semelhantemente a um fluxo de caixa de uma aplicação financeira onde R_0 corresponderia ao *principal*, e os demais valores como saldos líquidos entre receitas, custos e despesas, geralmente positivos.

Como visto na equação acima, não é possível colocar em evidência a variável *tir*: trata-se de um problema de encontrar a raiz, ou raízes, de um polinônio de grau **n**. Soluções para problemas desse tipo são tratadas na disciplina de Cálculo Numérico e facilitadas pelo uso de recursos de cálculo pré-programados existentes nas calculadoras financeiras (recursos de fluxo de caixa – *cash-flow*).

10.4.2 Taxa mínima de atratividade – TMA

A **taxa mínima de atratividade** (*hurdle rate*) é uma taxa que as empresas tomam como referência para orientação quanto aos seus investimentos.

> **CONCEITO 10.3** Em geral as empresas escolhem como **taxa mínima de atratividade** a taxa de juros de uma aplicação financeira que fariam caso os projetos de investimentos em estudo não fossem realizados. "Um dos conceitos mais importantes ... é o conceito do custo médio ponderado de capital e pode ser interpretado como o retorno exigido da empresa."(ROSS et. al., 2013, p. 460) "Para melhor direcionar a escolha da TMA, ela deve ser função de, pelo menos, custo de capital (aqui entendido como custo das fontes de financiamento de terceiros) e custo de oportunidade (aqui entendido como o custo de não se optar por aplicações alternativas dos recursos do acionista)."(REBELATTO, 2004, p. 212)

Nos problemas de Matemática Financeira, a TMA será uma informação dada, deixando sua determinação para outras disciplinas, especialmente para a Administração Financeira.

10.4.3 Valor presente líquido – VPL

> **CONCEITO 10.4** O **valor presente líquido** (*net present value* – NPV) é o valor atual de um fluxo de caixa na data focal zero, considerando-se todas as suas entradas (receitas) e saídas (investimentos, custos e despesas) e utilizando, como taxa de juros, a taxa mínima de atratividade – TMA:
>
> $$VPL = \frac{R_0}{(1+TMA)^0} + \frac{R_1}{(1+TMA)^1} + \cdots + \frac{R_{n-1}}{(1+TMA)^{n-1}} + \frac{R_n}{(1+TMA)^n}$$

onde, da mesma forma que a taxa interna de retorno, R_0 corresponde ao valor do *investimento* e é apresentado com valor negativo (saída de caixa), semelhantemente a um fluxo de caixa de uma aplicação financeira onde R_0 corresponde ao *principal*, e os demais valores como saldos líquidos entre receitas, custos e despesas, geralmente são positivos.

10.4.4 *Payback*

> **CONCEITO 10.5** *Payback*, também conhecido como prazo de retorno do capital investido, é o período de tempo necessário para que os fluxos de caixa positivos sejam suficientes para igualar o valor do investimento.

O *payback* de um projeto é uma medida de rapidez com que os fluxos de caixa gerados por esse projeto cobrem o investimento inicial. Intuitivamente, projetos que cobrem seus investimentos mais cedo podem ser considerados mais atraentes. Além disso, projetos que retornam seus investimentos mais cedo são projetos menos arriscados (DAMODARAN, 2004, p. 256).

10.4.5 Viabilidade econômica

> **CONCEITO 10.6** Dizemos que um projeto de investimentos tem **viabilidade econômica** quando conseguimos demonstrar, através de um dos métodos da análise de investimentos, que o projeto agrega mais valor à empresa do que outras oportunidades (em geral do mercado financeiro) de igual risco ao projeto.

10.4.6 Viabilidade financeira

> **CONCEITO 10.7** Por outro lado, quando existe disponibilidade de recursos de capital (próprios ou de terceiros), a custos compatíveis (empresa e mercado) para investir, dizemos que o projeto tem **viabilidade financeira**.

10.5 Principais técnicas de análise de investimentos

Nesta disciplina, são abordadas as seguintes técnicas de análise de investimentos:

- Método do valor presente líquido (VPL)
- Método da taxa interna de retorno (TIR)
- Método do valor presente líquido anualizado (VPLA)
- Método do prazo de retorno (*payback* simples)

Os três primeiros são denominados métodos de fluxo de caixa descontado.

10.5.1 Enfoques para a decisão

Há dois enfoques básicos para a decisão de orçamento de capital (análise de investimento), segundo Gitman (2004, pp. 306):

- **Enfoque de aceitação-rejeição**: procura determinar se os investimentos atendem o critério mínimo de aceitação da empresa. Nesse enfoque apenas os projetos aceitáveis (com viabilidade econômica) devem ser considerados. Em geral, esse método é utilizado quando a empresa tem fundos ilimitados, mas projetos mutuamente exclusivos, ou quando os recursos são escassos.

- **Enfoque de classificação**: envolve o ordenamento dos projetos com base em alguma medida predeterminada. O projeto que tiver melhor retorno é classificado em primeiro lugar, o segundo melhor colocado em segundo lugar, e assim por diante. Somente projetos aceitáveis devem ser classificados.

10.5.2 Exemplos

Para o estudo dos métodos do VPL, da TIR e do *payback*, serão utilizados os projetos A e B a seguir:

Ano	Projeto A	Projeto B
0	−10.000,00	−10.000,00
1	500,00	7.000,00
2	700,00	3.000,00
3	1.000,00	2.000,00
4	2.000,00	1.000,00
5	15.000,00	1.000,00

Para o estudo do método *valor presente anualizado*, serão utilizados os projetos C e D a seguir:

Ano	Projeto A	Projeto B
0	−10.000,00	−10.000,00
1	500,00	7.000,00
2	700,00	3.000,00
3	1.000,00	2.000,00
4	2.000,00	1.000,00
5	15.000,00	1.000,00

10.5.3 Método do valor presente líquido – VPL

O método do valor presente líquido – VPL, também conhecido como método do valor atual, tem como princípio que um investimento poderá agregar valor a uma empresa na exata medida do valor presente líquido – VPL de seu fluxo de caixa. Critérios de decisão:

- **Aceitação-rejeição**: aceita-se o projeto quando o valor presente líquido for positivo ($VPL > 0$) e rejeita-se quando ele for negativo ($VPL < 0$); um valor presente líquido positivo significa que o valor atual do fluxo das receitas (entradas), à taxa mínima de atratividade – TMA, é maior do que o valor atual do fluxo do investimento, custos e despesas (saídas).

- **Classificação**: o melhor projeto é o que apresenta o maior valor presente líquido, seguido do segundo maior valor presente líquido e assim por diante: $VPL_{1º} > VPL_{2º} > VPL_{3º} \ldots$

Como veremos nos exemplos a seguir, dependendo da taxa mínima de atratividade, os resultados podem ser diferentes tanto na **aceitação-rejeição** quanto na **classificação**.

Exemplos

EXEMPLO 10.1 A uma taxa mínima de atratividade de 10% ao ano, aplicar o método do valor presente líquido – VPL, nos projetos em estudo A e B.

Usando a calculadora. Para o cálculo do VPL, utilizam-se os recursos pré-programados de *cash-flow* das calculadoras financeiras.

Ano	Projeto A	Projeto B
	clear reg	clear reg
0	10000 [CHS] Cf_0	10000 [CHS] Cf_0
1	500 Cf_j	7000 Cf_j
2	700 Cf_j	3000 Cf_j
3	1000 Cf_j	2000 Cf_j
4	2000 Cf_j	1000 Cf_j
5	15000 Cf_j	1000 Cf_j
6	10 [i]	10 [i]
7	[NPV] ([f] [PV])	[NPV] ([f] [PV])
8	⇒ 2.464,22	⇒ 1.649,54

Como os projetos apresentam VPLs positivos, ambos são aceitáveis (viáveis economicamente), sendo o projeto A melhor do que o B por apresentar maior VPL.

EXEMPLO 10.2 A uma taxa mínima de atratividade de 18% ao ano, aplicar o método do valor presente líquido – VPL, nos projetos em estudo A e B.

Usando a calculadora.

Ano	Projeto A	Projeto B
	clear reg	clear reg
0	10000 CHS Cf_0	10000 CHS Cf_0
1	500 Cf_j	7000 Cf_j
2	700 Cf_j	3000 Cf_j
3	1000 Cf_j	2000 Cf_j
4	2000 Cf_j	1000 Cf_j
5	15000 Cf_j	1000 Cf_j
6	18 i	18 i
7	NPV (f PV)	NPV (f PV)
8	⇒ –876,70	⇒ 256,92

Apenas o projeto B é aceitável por ter VPL maior que zero, ou seja, é melhor do que o A por apresentar maior VPL.

EXEMPLO 10.3 A uma taxa mínima de atratividade de 50% ao ano, aplicar o método do valor presente líquido – VPL, nos projetos em estudo A e B.

Usando a calculadora.

Ano	Projeto A	Projeto B
	clear reg	clear reg
0	10000 CHS Cf_0	10000 CHS Cf_0
1	500 Cf_j	7000 Cf_j
2	700 Cf_j	3000 Cf_j
3	1000 Cf_j	2000 Cf_j
4	2000 Cf_j	1000 Cf_j
5	15000 Cf_j	1000 Cf_j
6	50 i	50 i
7	NPV (f PV)	NPV (f PV)
8	⇒ –6.688,89	⇒ –3.078,19

Nenhum dos projetos é aceitável, pois ambos têm VPL negativos. Entretanto, o projeto B é melhor do que o A por ter VPL maior (menos negativo).

10.5.4 Método da taxa interna de retorno – TIR

O método da taxa interna de retorno compara a TIR de um projeto com a taxa mínima de atratividade (TMA):

- **Aceitação-rejeição**: aceita-se o projeto quando a taxa interna de retorno for maior do que a taxa mínima de atratividade ($TIR > TMA$) e rejeita-se quando ela for menor ($TIR < TMA$).

- **Classificação**: o melhor projeto é o que apresenta a maior taxa interna de retorno, seguido da segunda maior taxa interna de retorno e assim por diante: $TIR_{1º} > TIR_{2º} > TIR_{3º} \ldots$

Exemplos

> **EXEMPLO 10.4** A uma taxa mínima de atratividade de 10% ao ano, aplicar o método da taxa interna de retorno – TIR, nos projetos em estudo A e B.

Usando a calculadora.

Ano	Projeto A	Projeto B
	clear reg	clear reg
0	10000 CHS Cf_0	10000 CHS Cf_0
1	500 Cf_j	7000 Cf_j
2	700 Cf_j	3000 Cf_j
3	1000 Cf_j	2000 Cf_j
4	2000 Cf_j	1000 Cf_j
5	15000 Cf_j	1000 Cf_j
6	IRR (f FV)	IRR (f FV)
7	$\Rightarrow$ 15,57	$\Rightarrow$ 19,71

Independentemente de qualquer taxa mínima de atratatividade a ser utilizada, o projeto B sempre será melhor que o A por apresentar uma *TIR* maior ($TIR_B = 19{,}71\% > TIR_A = 15{,}57\%$). Como ambos os projetos apresentam $TIR > TMA$ ($TIR_A = 15{,}57\% > 10\%$; e $TIR_B = 19{,}71\% > 10\%$), eles são aceitáveis (viáveis economicamente).

> **EXEMPLO 10.5** A uma taxa mínima de atratividade de 18% ao ano, aplicar o método da taxa interna de retorno – TIR, nos projetos em estudo A e B.

Apenas o projeto B é viável economicamente (aceitável), uma vez que $TIR_A = 15{,}57\% < 18\%$; e $TIR_B = 19{,}71\% > 18\%$).

> **EXEMPLO 10.6** A uma taxa mínima de atratividade de 50% ao ano, aplicar o método da taxa interna de retorno – TIR, nos projetos em estudo A e B.

Neste caso, ambos os projetos são inviáveis economicamente (não aceitáveis), uma vez que $TIR_A = 15{,}57\% < 50\%$ e $TIR_B = 19{,}71\% < 50\%$).

10.5.5 Método do *payback* – PB

A ideia do método do *payback* é bastante simples: como o investimento (principal saída de fluxos de caixa) é seguido de entradas (receitas – despesas), procura-se identificar o prazo em que a soma das entradas é suficiente para igualar o valor da saída (investimento). O *payback* é também conhecido como o prazo em que ocorre o retorno do capital investido.

Critérios de decisão:

- **Aceitação-rejeição**: aceita-se o projeto quando o *payback* for inferior a um prazo estipulado previamente pela empresa (normalmente esse prazo é determinado conjuntamente por empresas de mesmo setor econômico).

- **Classificação**: o melhor projeto é o que apresenta o menor *payback*, seguido do segundo menor *payback* e assim por diante: $PB_{1º} < PB_{2º} < PB_{3º} \ldots$

Exemplos

EXEMPLO 10.7 Considerando-se o prazo de 3 anos como prazo máximo para retorno aceitável de investimentos de capital, aplicar o método do *payback*, no projeto A.

Ano	Projeto A	Fluxo acumulado
0	−10.000,00	−10.000,00
1	500,00	−9.500,00
2	700,00	−8.800,00
3	1.000,00	−7.800,00
4	2.000,00	−5.800,00
5	15.000,00	9.200,00

No projeto A, o *payback* ocorre no decorrer do ano 5, pois é nele que o sinal do fluxo acumulado fica positivo pela primeira vez. Sabe-se, então, que o *payback* é de 4 anos mais uma fração de ano em que o saldo acumulado ficará igual a zero: como na entrada do quinto ano, é necessário zerar −5.800,00 e, sabendo que nos 12 meses do quinto ano a entrada foi de 15.000, a fração do quinto ano em que o saldo negativo será zerado é dada por $\frac{5.800}{15.000}$. Logo, o *payback* é dado por: $PB_A = 4 + \frac{5.800}{15.000} = 4,39$ a. Como o *payback* de 4,39 anos é superior ao prazo limite de 3 anos utilizado pela empresa, conclui-se que o projeto não é aceitável.

EXEMPLO 10.8 Considerando-se o prazo de 3 anos como prazo máximo para retorno aceitável de investimentos de capital, aplicar o método do *payback*, no projeto B.

Ano	Projeto B	Fluxo acumulado
0	−10.000,00	−10.000,00
1	7.000,00	−3.000,00
2	3.000,00	0,00
3	2.000,00	2.000,00
4	1.000,00	3.000,00
5	1.000,00	4.000,00

No projeto B, o *payback* ocorre exatamente ao final do ano 2, pois nele o saldo acumulado fica zerado. O projeto é considerado viável uma vez que o *payback* obtido, de 2 anos, é inferior ao prazo limite de 3 anos utilizado pela empresa.

Também se torna evidente que o projeto B é melhor do que o projeto A, por esse critério, uma vez que o retorno do capital investido é mais rápido.

10.5.6 Método do valor presente líquido anualizado – VPLA

O método do "*valor presente líquido anualizado – VPLA* converte o valor presente líquido de projetos de duração diferentes em um montante equivalente (em termos de VPL), que pode ser usado para selecionar o melhor projeto"(GITMAN, 2004, p. 378).

Etapas para tomada de decisão para uma dada taxa mínima de atratividade:

1. Etapa: calcular o valor presente líquido de cada projeto.

2. Etapa: calcular o valor de uma prestação postecipada tendo como principal o VPL do projeto e como número de prestações os anos de cada respectivo projeto.

3. Etapa: considerar aceitável os projetos com VPLA positivo.

4. Etapa: escolher os projetos com maior VPLA.

Exemplo

Para o estudo do método *valor presente líquido anualizado*, serão utilizados os projetos C e D a seguir:

Ano	Projeto C	Projeto D
0	−10.000,00	−10.000,00
1	8.000,00	6.000,00
2	5.000,00	5.000,00
3		3.000,00

Nota-se que a diferença de prazos nos projetos dificultam a aplicação direta dos métodos anteriores, em especial do VPL e da TIR, por não atenderem um dos princípios da engenharia econômica preconizados por Grant, Ireson e Leavenworth (1990): as alternativas devem ser homogêneas. Neste caso, a falta de homogeneidade está no fato dos projetos não terem a mesma duração.

EXEMPLO 10.9 Considerando-se uma taxa mínima de atratividade de 10% ao ano, examinar a viabilidade econômica dos projetos C e D, aplicando o método do **VPLA**.

Etapa 1: Calcular o VPL de cada projeto:

Usando a calculadora.

Ano	Projeto C	Projeto D
	[clear reg]	[clear reg]
0	10000 [CHS] Cf_0	10000 [CHS] Cf_0
1	8000 [Cf_j]	6000 [Cf_j]
2	5000 [Cf_j]	5000 [Cf_j]
3	10 [i][NPV]([f][PV])	3000 [Cf_j]
4	$\Rightarrow$ 1.404,96	10 [i][NPV]([f][PV])
5		$\Rightarrow$ 1.840,72

O sentimento mais comum é de que o projeto D, por ter VPL superior ao do projeto C, parece ser mais interessante. Entretanto, ambos têm duração diferente, o que significa que oferecem benefícios diferentes, portanto não são homogêneos. Por isso devemos continuar com a próxima etapa para encontrar os VPLA.

Etapa 2: Calcular o VPLA de cada projeto:

Usando a calculadora.

Ano	Projeto C	Projeto D
0	[clear fin]	[clear fin]
0	1.404,96 [CHS][PV]	1.840,72 [CHS][PV]
1	2 [n]	3 [n]
2	10 [i]	10 [i]
3	[PMT]	[PMT]
4	$\Rightarrow$ 809,51	$\Rightarrow$ 740,18

Etapa 3: O VPLA de ambos os projetos é positivo (o VPLA de um projeto sempre tem o mesmo sinal do VPL), logo, ambos são aceitáveis ou viáveis economicamente.

Etapa 4: O projeto C é melhor do que o projeto D uma vez que:

$$VPLA_C = 809,51 > VPLA_D = 740,18$$

Isso pode ser demonstrado se encadearmos 3 projetos C (3 × 2 = 6 anos) e 2 projetos D (2 × 3 = 6 anos), de modo que uma sucessão de mesmos projetos possam, ao atingirem o mínimo múltiplo comum de suas durações, cobrir o mesmo tempo (6 anos) tornando-se homogêneos. Nesse caso, veremos que o $VPL_C > VPL_D$, confirmando o método do VPA.

10.6 Comentários sobre os métodos

Práticas empresariais

Em uma pesquisa de Harold Bierman, de 1993, citada por Brigham, Gapenski e Ehrhardt (2001, p. 439), foi demonstrado que a maioria das grandes empresas industriais da *Fortune 500* praticava um dos métodos de fluxo de caixa descontado (99% utiliza o método da TIR e 85% o do VPL) contra 4%, em uma pesquisa de 1955. Já o método do *payback* é praticado por 84% das empresas, porém, não como critério principal. Tem-se notado, ao longo dos últimos anos, uma crescente preferência das empresas grandes pelos métodos de fluxo de caixa descontado. Pela simplicidade de uso, o método do *payback* vem sendo utilizado por pequenas empresas ou pelas grandes empresas em pequenos investimentos.

10.6.1 Método do VPL

É o método que apresenta a maior preferência pelos especialistas e tem sido utilizado em maior frequência em projetos vultuosos, assim como pelas empresas de maior tradição no uso dos critérios de decisão em investimentos.

10.6.2 Método da TIR

Denota grande uso no meio empresarial por apresentar a viabilidade econômica dos projetos de forma muito intuitiva através da comparação da TIR com taxas de juros do mercado financeiro. Há o inconveniente de, em alguns casos, permitir mais de uma solução (mais de uma TIR, quando há inversões de sinal no fluxo de caixa); nesses casos o critério não pode ser utilizado.

10.6.3 Método do *payback*

Os especialistas veem esse método como o menos consistente, embora bastante simples e útil para a análise de risco. As seguintes limitações são destacadas na literatura:

- Não considera o valor do dinheiro no tempo (para compensar essa deficiência alguns autores apresentam uma versão denominada *payback descontado*, porém sem muita adesão, pois perde a simplicidade).

- Desconsidera tudo o que ocorre após o prazo de *payback* mesmo que advenha enormes vantagens ou desvantagens nos fluxos analisados.

10.7 Problemas

*As respostas se encontram no site do Grupo A: **www.grupoa.com.br**. Para acessá-las, basta buscar pela página do livro, clicar em "Conteúdo online" e cadastrar-se.*

1. Uma construtora deseja escolher um sistema de aquecimento central entre duas alternativas: "sistema a gás" e "sistema elétrico". O sistema a gás tem uma duração de 5 anos, um investimento inicial de R$ 70.000,00 e um custo anual de manutenção de R$ 100.000,00. O sistema elétrico tem uma duração de 10 anos, um investimento inicial de R$ 300.000 e um custo anual de manutenção de R$ 40.000,00. Qual é o sistema a ser escolhido, considerando 20% ao ano a taxa mínima de atratividade?

2. Uma propriedade foi comprada por R$ 5.000.000,00 e vendida, após 10 anos, por R$ 60.000.000,00. Os impostos pagos, ao final de cada ano, foram iguais a R$ 80.000,00 no 1º ano, R$ 100.000,00 no 2º ano, e assim sucessivamente (aumentavam R$ 20.000,00 a cada ano). Calcule a taxa interna de retorno do investimento.

3. Identifique, pelos métodos do valor presente líquido e da taxa interna de retorno, as alternativas de projetos de investimentos representadas pelos fluxos de caixa a seguir, indicando as que são viáveis do ponto de vista econômico, indiferentes e inviáveis, bem como suas classificações, em ordem de preferência, considerando uma taxa mínima de atratividade de 25% ao ano e diferenças, em valores, de até R$ 1,00 e, em percentual, de até 1% como desprezíveis.

	Projeto A	Projeto B	Projeto C	Projeto D
VPL	−712,80	−0,80	−132,00	172,00
VPL	4º	2º	3º	1º
TIR	−10,04%	−24,98%	−20,38%	29,90%
TIR	4º	2º	3º	1º

CAPÍTULO 11
CORREÇÃO MONETÁRIA

11.1 Introdução

A correção monetária, surgida em 1964 como parte do conjunto de medidas de combate à inflação do Plano de Ação Econômica do Governo – PAEG, tinha por objetivo garantir o aumento do retorno real dos ativos. A ideia principal era de que as aplicações em títulos do governo e os empréstimos dos bancos tivessem remunerações reais, isto é, retornos superiores à perda do poder aquisitivo da moeda pela inflação. Na disciplina de Matemática Financeira, o tópico referente à correção monetária tem por objetivo estudar como os índices que medem a inflação permitem reajustar valores ao longo do tempo, separando, no caso dos empréstimos, as taxas de correção das taxas de juros reais.

11.1.1 Conceito de inflação

> **CONCEITO 11.1** "Inflação é o aumento persistente de preços, que envolve o conjunto da economia, do qual resulta uma contínua perda do poder aquisitivo da moeda."(OSAKABE, apud PELLEGRINO; VIAN; PAIVA, 2005, p. 305)

Crescimento generalizado dos preços
A principal característica da inflação é que praticamente todos os produtos e serviços têm seus preços aumentados. Assim, em algumas situações de alta escassez de algum produto, o preço deste pode crescer significativamente, embora isso não caracterize inflação.

Não sincronismo das alterações
Durante o processo inflacionário, os preços de alguns produtos e serviços aumentam antes do que outros. Agentes econômicos que detêm monopólios ou oligopólios antecipam reajustes enquanto que aqueles com contratos (proprietários de imóveis alugados, assalariados, aplicadores em fundos de renda fixa, p. ex.) recebem reajustes dos preços *a posteriori*.

Principais consequências da inflação que prejudicam o desempenho da economia

- O assincronismo no reajuste dos preços tem como principal consequência um deslocamento de renda entre os agentes econômicos sem a correspondente contra-prestação. Os mais fracos, em geral assalariados, tendem a perder renda ao longo do tempo.

- A perda do poder aquisitivo da moeda faz com que financiamentos ou aplicações de longo prazo acabem trazendo prejuízos aos credores, inibindo o fluxo de capitais para a economia.

11.1.2 O que é correção monetária?

> **CONCEITO 11.2** "A **correção monetária** é um instituto que visa preservar o valor do dinheiro. Esse mecanismo opera através da incidência do índice de desvalorização sobre o montante anterior, de maneira sucessiva, mantendo-se, desta forma, o poder aquisitivo da moeda."(OLIVEIRA, 2001, p. 198)

A correção monetária foi criada no Brasil pela Lei 4.357, de 16/07/1964 (BRASIL, 1964), a mesma que deu origem às Obrigações Reajustáveis do Tesouro Nacional – ORTN, que, segundo se tem notícia, é uma experiência sem similar em outros países.

11.2 Indexadores

11.2.1 Números índices

Números índices ou, simplesmente índices, correspondem a preços de conjuntos de bens, denominados cestos básicos. Os índices diferem entre si pela escolha dos conjuntos de bens a terem seus preços acompanhados, pela periodicidade do levantamento das informações e pelas características do poder aquisitivo de seus consumidores.

O IGP–DI/FGV é um índice composto de outros três, levantado do primeiro dia até o último de cada mês:

- IPA (índice de preços por atacado – peso 60%)

- IPC (índice de preços ao consumidor – peso 30%)

- INCC (índice nacional da construção civil – peso 10%)

11.2.2 Princípio da indexação

A oficialização do *instituto da correção monetária* procurou garantir a neutralização do efeito da perda do poder de compra da moeda, causada pela inflação, pela atualização dos valores monetários em função da variação de índices de preços. (Faro, 1990, p. 304)

A Fundação Getúlio Vargas é a instituição que publica a maioria dos índices utilizados no Brasil. IBGE, FIPE e DIEESE de São Paulo também são instituições importantes no cálculo de índices de inflação.

O índice de maior tradição e abrangência de dados históricos é o Índice Geral de Preços – Disponibilidade Interna, da Fundação Getúlio Vargas (IGP-DI/FGV).

CONCEITO 11.3 A **indexação**, portanto, é a operação matemática que se utiliza de índices de preços com o objetivo de atualizar os preços de bens ou ativos financeiros tendo em vista a desvalorização monetária ocorrida. Assim, em termos econômicos, podemos considerar a indexação como sinônimo de correção, reajuste ou atualização monetária.

11.2.3 Uso das tabelas

Como calcular a taxa de inflação ocorrida por meio da leitura dos índices?

Sendo os índices uma representação dos preços ao longo do tempo, a indexação é a operação matemática que se utiliza desses referidos índices para atualizar os preços de bens ou ativos financeiros tendo em vista a desvalorização monetária ocorrida no tempo.

Revistas especializadas na publicação dos índices, como a *Revista Conjuntura Econômica*, da Fundação Getúlio Vargas, divulgam os índices de preços mais importantes. A seguir, veremos exemplos de como é feita a leitura e o uso dessas tabelas.

Ao final dete capítulo, encontram-se tabelas de índices (IGP-DI e IGP-M, ambos da Fundação Getúlio Vargas) que serão utilizadas para resolver os exemplos dos conteúdos.

EXEMPLO 11.1 Calcular a taxa de variação do preço do kg de cebola, no mês de janeiro de 2013, sabendo-se que no dia 31/12/2012 o preço do kg era de R$ 2,50 e no dia 31/01/2013 passou para R$ 2,75.

Dados:
$P_0 = 2,50$
$P_1 = 2,75$
$i_{variação} = ?$

Solução:
A taxa de variação, na comparação entre dois valores, é dada pela diferença dos dois valores dividido pelo valor inicial:

$$i_{variação} = \frac{P_1 - P_0}{P_0} = \frac{P_1}{P_0} - 1 = \frac{2,75}{2,5} - 1 = 0,10\cdots = 0,10\cdots \times 100\% = 10\%\ldots$$

Resposta: 10,00% a.m.

Observe que os índices de preços se comportam de forma semelhante ao preço do kg de cebola do exemplo acima. Logo, podemos escrever a fórmula genérica da taxa de variação da inflação a partir da comparação de dois índices de preços, I_0 e I_1, por:

$$i_{cm} = \frac{I_1}{I_0} - 1$$

A taxa de inflação em um mês pode ser calculada de forma bastante simples confrontando dois índices de preços.

A taxa de inflação pelo IGP-DI/FGV do mês de maio de 2012 é dada por

$$i_{cm}^{mai12} = \frac{I_{mai12}}{I_{abr12}} - 1 = \left(\frac{479,019}{474,683} - 1\right) \times 100\% = 0,91345\ldots\%$$

Esse valor confere com o da tabela do IGP-DI, apresentada ao final do capítulo, na coluna variação percentual mensal. É como se o índice de abril correspondesse ao preço do último dia do mês de abril, assim como o índice de maio ao último dia do mês de maio. Confrontando os dois índices, teremos a taxa de inflação do mês de maio.

EXEMPLO 11.2 Calcular a taxa de inflação mensal ocorrida em agosto de 2013, pelo IGP-DI/FGV.

$$i_{cm}^{ago13} = \frac{I_{ago13}}{I_{jul13}} - 1 = \left(\frac{515,688}{513,313} - 1\right) \times 100\% = 0,46\ldots\%$$

Usando a calculadora. $\left(\frac{515,688}{513,313} - 1\right) \times 100\%$

```
       clear fin  END
       515.688  FV
   513.313  CHS  PV
             1  n
         i ⇒ 0,46268066...
```

EXEMPLO 11.3 Calcular a taxa de inflação acumulada no ano, pelo IGP-DI/FGV, até o mês de julho de 2013, inclusive.

$$i_{cm}^{jan-jul13} = \frac{I_{jul13}}{I_{dez12}} - 1 = \left(\frac{513,313}{503,283} - 1\right) \times 100\% = 1,9929145\ldots\%$$

Usando a calculadora. $\left(\frac{513,313}{503,283} - 1\right) \times 100\%$

```
       clear fin  END
       513.313  FV
       503.283  PV
             1  n
         i ⇒ 1,9929145...
```

Você confrontou o índice do mês de jul/13 com o de dez/12, lembrando que este representa o último dia de 2012, logo, o início de 2013. O valor encontrado consta na coluna variação % no ano da tabela do IGP-DI, ao final deste capítulo.

11.2.4 Como calcular a taxa de inflação ocorrida pela leitura dos índices

Observações:

- Os índices publicados são mensais.

- Em geral, os índices são considerados como se referissem ao último dia do mês, mas nem sempre essa regra é respeitada.

- Nos casos em que as datas referenciam apenas o mês, considera-se como se fosse o último dia do mês.

- Veja que o cálculo da inflação de um determinado período não pode ser feito pelo simples somatório das inflações mensais devido ao fato de que elas são cumulativas, como se fossem juros compostos.

EXEMPLO 11.4 Um imóvel foi adquirido em junho de 2012 pelo valor de R$ 150.000,00. Seu proprietário deseja vendê-lo pelo valor de compra atualizado monetariamente para o mês de agosto de 2013, pela variação do IGP-DI/FGV. Calcular o valor de venda do imóvel.

Dados:

$Valor_{histórico} = 150.000,00$

$Valor_{atualizado} = ?$

$Data_{compra} = \text{jun}12 \Rightarrow i_{compra}^{igp-di} = 482{,}311$

$Data_{venda} = \text{ago}13 \Rightarrow i_{venda}^{igp-di} = 515{,}688$

Solução:

$Valor_{atualizado} = Valor_{histórico}(1 + i_{cm})$

$i_{cm}^{jul12-ago13} = \dfrac{I_{ago13}}{I_{jun12}} - 1 = (\dfrac{515{,}688}{482{,}311} - 1) \times 100\% = 6{,}92022\ldots\%$

$Valor_{atualizado} = 150.000(1 + 0{,}0692022\ldots) = 160.380{,}335510\ldots$

Resposta: R$ 160.380,34.

Uma outra forma de resolver o problema é:

$Valor_{atualizado} = Valor_{histórico}(1 + i_{cm})$

$i_{cm}^{jul12-ago13} = (\dfrac{I_{ago13}}{I_{jun12}} - 1)$

$Valor_{atualizado} = Valor_{histórico}(1 + (\dfrac{I_{ago13}}{I_{jun12}} - 1))$

$Valor_{atualizado} = Valor_{histórico}\dfrac{I_{ago13}}{I_{jun12}}$

$Valor_{atualizado} = \dfrac{Valor_{histórico}}{I_{jun12}} \cdot I_{ago13}$

$Valor_{atualizado} = \dfrac{150.000}{482{,}311} \times 515{,}688 = 160.380{,}335510\ldots$

Resposta: R$ 160.380,34.

> Usando a calculadora. $\dfrac{150.000}{482{,}311} \times 515{,}688$

RPN	ALG
150000 [ENTER]	150000 [÷]
482.311 [÷]	482.311 [×]
513.313 [×]	513.313 [=]
⇒ 160.380,335510 ...	⇒ 160.380,335510 ...

Sobre o exemplo, você deve observar que:

- Considera-se o dia 31 de junho de 2012 como a data da compra

- Logo, a correção monetária abrange integralmente o período que vai do mês de julho/2012 a ago/2013, incluindo os meses das extremidades

- Dividir o valor histórico pelo índice da data da compra e após multiplicar pelo índice do mês da venda é uma operação relativamente simples e muito utilizada na prática (DAL ZOT, 2008, p. 162-172).

EXEMPLO 11.5 Calcular as taxas de inflação anual e média mensal, ocorridas no ano de 2010, pelo IGP-M/FGV.

$$i_{cm}^{jan2010-dez2010} = (\frac{I_{dez2010}}{I_{dez2009}} - 1) = (\frac{1083,6227}{973,4128} - 1) \times 100\% = 11,32201\ldots\% \text{ a.a.}$$

$$i_{cm}^{2010} = (\frac{I_{dez2010}}{I_{dez2009}})^{\frac{1}{12}} - 1 = ((\frac{1083,6227}{973,4128})^{\frac{1}{12}} - 1) \times 100\% = 0,897813\ldots\% \text{ a.m.}$$

Usando a calculadora. $((\frac{1083,6227}{973,4128})^{\frac{1}{12}} - 1) \times 100\%$

Taxa% anual FIN	Taxa% anual RPN	Taxa% média mensal FIN	Taxa% média mensal RPN
clear fin END 1083.6227 FV 973.4128 CHS PV 1 n i ⇒ 11,32201...	1083.6227 ENTER 973.4128 ÷ 1 − 100 × ⇒ 11,32201...	clear fin END 1083.6227 FV 973.4128 CHS PV 12 n i ⇒ 0,897813...	1083.6227 ENTER 973.4128 ÷ 12 1/x y^x 1 − 100 × ⇒ 0,897813...

EXEMPLO 11.6 Calcular as taxas de inflação acumulada trimestral e média mensal, ocorridas no terceiro trimestre de 2012, pelo IGP-DI/FGV.

$$i_{cm}^{jul2012-set2012} = (\frac{I_{set2012}}{I_{jun2012}} - 1) = (\frac{500,314}{482,311} - 1) \times 100\% = 3,7326538271\ldots\% \text{ a.t.}$$

$$i_{cm}^{3trimestre2012} = (\frac{I_{set2012}}{I_{jun2012}})^{\frac{1}{3}} - 1 = ((\frac{500,314}{482,311})^{\frac{1}{3}} - 1) \times 100\% = 1,229054080\ldots\% \text{ a.m.}$$

Usando a calculadora.

Taxa% trimestral FIN	Taxa% trimestral RPN	Taxa% média mensal FIN	Taxa% média mensal RPN
clear fin END 500.314 FV 482.311 CHS PV 1 n i ⇒ 3,7326538...	500.314 ENTER 482.311 ÷ 1 − 100 × ⇒ 3,7326538...	clear fin END 500.314 FV 482.311 CHS PV 3 n i ⇒ 1,229054...	500.314 ENTER 482.311 ÷ 3 1/x y^x 1 − 100 × ⇒ 1,229054...

11.3 Fórmula de Fischer

11.3.1 Taxas aparente, de correção monetária e real

EXEMPLO 11.7 O proprietário de um imóvel, adquirido em maio de 2009 pelo valor de R$ 270.000,00, deseja vendê-lo em fevereiro de 2013 a 20% acima do valor atualizado monetariamente pelo IGP-M/FGV. Calcular o valor de venda do imóvel.

Dados:

$i_{real} = 20\%$
$Valor_{venda} = ?$
$Valor_{historico} = 270.000,00$
$Data_{compra} = \text{mai}09 \Rightarrow i^{igp-m}_{compra} = 979{,}1034$
$Data_{venda} = \text{fev}13 \Rightarrow i^{igp-m}_{venda} = 1235{,}5777$

Solução:

$Valor_{venda} = Valor_{atualizado}(1 + i_{real})$

$Valor_{atualizado} = Valor_{histórico}(1 + i_{cm})$

$Valor_{venda} = Valor_{histórico}(1 + i_{cm}) \cdot (1 + i_{real})$

$i^{jun09-fev13}_{cm} = \dfrac{I_{fev13}}{I_{mai09}} - 1 = (\dfrac{1235{,}5777}{979{,}1034} - 1) \times 100\% = 26{,}19481\ldots\%$

$Valor_{venda} = 270.000(1 + 0{,}2619481) \cdot (1 + 0{,}20) = 408.871{,}19256\ldots$

Resposta: R$ 408.871,19.

> **CONCEITO 11.4** "A **taxa aparente** (chamada nominal nas transações financeiras e comerciais) é aquela que vigora nas operações correntes. A **taxa real** é calculada depois de serem expurgados os efeitos inflacionários."(SAMANEZ, 2002. p. 67)

Taxas aparente e real se relacionam pela Fórmula de Fischer[1]:

$$(1 + i_{aparente}) = (1 + i_{cm}) \cdot (1 + i_{real}) \tag{11.1}$$

No exemplo anterior, temos:

$(1 + i_{aparente}) = (1 + i_{cm}) \cdot (1 + i_{real}) = (1 + 0{,}2619481).(1 + 0{,}20) = (1 + 0{,}51433775\ldots)$

$Valor_{venda} = Valor_{histórico}(1 + i_{aparente}) =$

$Valor_{venda} = 270.000(1 + 0{,}51433775\ldots) = 408.871{,}19256\ldots$

Em geral, a Fórmula de Fischer $((1 + i_{aparente}) = (1 + i_{cm}) \cdot (1 + i_{real}))$ é aplicada em duas situações:

- Quando desejamos calcular uma taxa aparente a partir do conhecimento da taxa de inflação ou correção monetária (i_{cm}) e da taxa real de juros (i_{real}): $i_{aparente} = (1 + i_{cm}) \cdot (1 + i_{real}) - 1$.

---

[1] A Fórmula, ou Efeito de Fischer, é atribuída ao economista e estatístico americano Irving Fischer, considerado um dos fundadores da corrente macroeconômica denominada *monetarista*.

- Quando se quer conhecer a taxa real de uma operação financeira, conhecidas as taxas aparente e de inflação: $i_{real} = \dfrac{(1 + i_{aparente})}{(1 + i_{cm})} - 1$.

Os contratos de operações de empréstimos, no que diz respeito à correção monetária, são classificados em dois tipos:

- **Com correção monetária pré-fixada**: aqueles em que não há menção explícita de critério de correção. A correção monetária é estimada *a priori*. Atualmente a maioria das operações de empréstimos de curto prazo (até um ano) são pré-fixadas.

- **Com correção monetária pós-fixada**: aqueles em que os saldos são atualizados monetariamente, *a posteriori* (PUCCINI, 2009, p. 253), por meio de algum índice de preços identificado no contrato. Os valores em reais somente são conhecidos após a publicação do respectivo índice de cada data.

EXEMPLO 11.8 Na década de 1970, a poupança rendia 0,5% a.m. sobre o saldo corrigido pelo IGP-DI. Sabendo-se que, em um determinado mês, a taxa de inflação medida pelo IGP-DI foi de 10%, calcular a taxa de remuneração da poupança naquele mês.

Dados:
$i_{real} = 0{,}5\%$
$i_{cm} = 10\%$
$i_{aparente} = ?$

Solução:
$i_{aparente} = (1 + i_{cm}) \cdot (1 + i_{real}) - 1$
$i_{aparente} = (1 + 0{,}10) \cdot (1 + 0{,}005) - 1 = 0{,}1055\ldots = 10{,}55\ldots\%$

Resposta: 10,55% a.m.

Observe que, para o público em geral, a remuneração ou os rendimentos se referem a taxas aparentes.

EXEMPLO 11.9 Na década de 1990, antes do Plano Real lançado pelo Governo Itamar, uma aplicação financeira de $ 1.000,00 se converteu, após um ano, em $ 3.000,00. Sabendo-se que a taxa de inflação média mensal foi de 11% a.m., calcule a taxa real mensal de juros da referida aplicação.

Dados:
$P = 1.000$
$S = 3.000$
$n = 12$ m
$i_{real} = ?\%$ a.m.
$i_{cm} = 11\%$ a.m.

Solução:

$$i_{real} = \frac{1 + i_{aparente}}{1 + i_{cm}} - 1$$

$$i_{aparente} = \left(\frac{S}{P}\right)^{\frac{1}{n}} - 1 = \left(\frac{3000}{1000}\right)^{\frac{1}{12}} - 1 = 0{,}09587\ldots$$

$$i_{real} = \frac{1 + 0{,}09587\ldots}{1 + 0{,}11} - 1 = -0{,}012727\cdots = -1{,}2727\ldots\%$$

Resposta: $-1{,}27\%$ a.m.

Em épocas de alta inflação, é muito frequente encontrar situações como a do exemplo em que a taxa real foi negativa, ou seja, a pessoa que aplicou durante um ano recebe um montante com menor poder de compra que o principal investido. O exemplo é tirado de um caso real.

EXEMPLO 11.10 O dono de uma loja de vestuário que financia a seus clientes pelo crédito direto ao consumidor solicita que você forneça um coeficiente para calcular anuidades com 3 prestações postecipadas. É exigência do lojista uma remuneração real de 0,5% ao mês. Conside a taxa de inflação média de 1% ao mês.

Dados:

$P = 1$ (as anuidades obtidas a partir do principal igual a R$ 1,00 são utilizadas como coeficientes, conforme o Capítulo "Anuidades")
$n = 3$ p.m. post.
$i_{real} = 0,5\%$ (0,005) a.m.
$i_{cm} = 1\%$ (0,01) a.m.

Solução:

$$R = P \cdot \frac{i_{aparente}(1 + i_{aparente})^n}{(1 + i_{aparente})^n - 1}$$

Observe que a taxa para anuidades não considerava a inflação nela embutida. Assim, ela está sendo agora considerada na taxa aparente.

$$i_{aparente} = (1 + i_{cm}) \cdot (1 + i_{real}) - 1 = (1 + 0{,}01) \cdot (1 + 0{,}005) - 1 = 0{,}01505000\ldots$$

$$R = 1 \cdot \frac{0{,}01505\ldots(1 + 0{,}01505\ldots)^3}{(1 + 0{,}01505\ldots)^3 - 1} = 0{,}3434166\ldots$$

Resposta: 0,3434.

> Usando a calculadora. $1 \cdot \dfrac{0{,}01505\ldots(1+0{,}01505\ldots)^3}{(1+0{,}01505\ldots)^3-1}$

RPN	FIN
1.01 ENTER	
1.005 ×	
1 −	
$i_{aparente} \Rightarrow 0{,}01505000\ldots$	
100 ×	
$i_{aparente} \Rightarrow 1{,}505000\ldots\%$	
1.01505 ENTER	clear fin END
3 n y^x	1 PV
.01505 ×	3 n
1.01505 ENTER	1.505 i
3 n y^x	PMT CHS
1 − ÷	Coeficiente $\Rightarrow 0{,}3434166\ldots$
Coeficiente $\Rightarrow 0{,}3434166\ldots$	

EXEMPLO 11.11 Um empresário descontou duplicatas no valor de R$ 45.000,00, 60 dias antes do vencimento, a uma taxa de desconto bancário simples de 5% ao mês. Sabendo que a taxa média de inflação é de 2,3% ao mês, calcule a taxa implícita real mensal de juros (taxa efetiva real) da operação.

Dados:
$S = 45.000$
$n = 60\text{ d} = 2\text{ m}$
$d = 5\%\ (0{,}05)$ a.m.
$i_{cm} = 2{,}3\%\ (0{,}023)$ a.m.

Solução:

$i_{real} = \dfrac{1+i_{aparente}}{1+i_{cm}} - 1$

$i_{aparente} = i_{efetiva} = \left(\dfrac{S}{P}\right)^{\frac{1}{n}} - 1$

Observe que, nas operações de desconto, a taxa efetiva ou implícita de juros, no capítulo 6, é uma taxa aparente, uma vez que engloba a inflação.

$P = S\cdot(1 - d\cdot n) = 45.000 \times (1 - 0{,}05 \times 2) = 40.500$

$i_{aparente} = \left(\dfrac{S}{P}\right)^{\frac{1}{n}} - 1 = \left(\dfrac{45.000}{40.500}\right)^{\frac{1}{2}} - 1 = 0{,}0540925534\ldots$

$i_{real} = \dfrac{1+i_{aparente}}{1+i_{cm}} - 1 = \dfrac{1 + 0{,}0540925534\ldots}{1+0{,}023} - 1 = i_{real} = 0{,}0303935028\cdots$

$= 0{,}0303935028 \cdots \times 100\% = 3{,}03935028\ldots\%$

Resposta: 3,04% a.m.

Usando a calculadora. $\dfrac{1+(\frac{45.000}{40.500})^{\frac{1}{2}}-1}{1+0,023}-1$

RPN	FIN
45000 [ENTER]	
1 [ENTER]	
.05 [ENTER]	
2 [×] [−] [×]	
P ⇒ 40.500,0000...	
45000 [ENTER]	[clear fin]
40500 [÷]	40500 [PV]
2 [1/x] [y^x]	45000 [CHS][FV]
1 [−]	2 [n][i]
$i_{aparente}$ ⇒ 0,0540925534...	$i_{aparente}$ ⇒ 5,40925534...%
1.0540925534 [ENTER]	
1.023 [÷]	
1 [−]	
100 [×]	
i_{real} ⇒ 3,03935028...%	

11.4 Tabelas de preços

11.4.1 Tabela 1 – IGP-DI/FGV: dez-2011 a ago-2013

Ano	Mês	Índice	Var. % a.m.	Var. % no ano	Var. % em 12 m
2011	dez	465,586	−0,16	5,00	5,00
2012	jan	466,979	0,30	0,30	4,29
	fev	467,308	0,07	0,37	3,38
	mar	469,910	0,56	0,93	3,32
	abr	474,683	1,02	1,95	3,86
	mai	479,019	0,91	2,89	4,80
	jun	482,311	0,69	3,59	5,66
	jul	489,621	1,52	5,16	7,31
	ago	495,949	1,29	6,52	8,04
	set	500,314	0,88	7,46	8,17
	out	498,739	−0,31	7,12	7,41
	nov	499,989	0,25	7,39	7,22
	dez	503,283	0,66	8,10	8,10

Ano	Mês	Índice	Var. % a.m.	Var.% no ano	Var.% em 12 m
2013	jan	504,830	0,31	0,31	8,11
	fev	505,832	0,20	0,51	8,24
	mar	507,375	0,31	0,81	7,97
	abr	507,087	−0,06	0,76	6,83
	mai	508,715	0,32	1,08	6,20
	jun	512,598	0,76	1,85	6,28
	jul	513,313	0,14	1,99	4,84
	ago	515,688	0,46	2,46	3,98

Fonte: Revista Conjuntura Econômica (2013).

11.4.2 Tabela 2 – IGP-M/FGV: jan-2009 a out-2013

Contratos de aluguéis, reajustes de energia elétrica, etc.

Mês	2009	2010	2011	2012	2013
jan	986,0130	979,5453	1092,1834	1141,7102	1232,0049
fev	988,5767	991,1039	1103,1052	1141,0252	1235,5777
mar	981,2612	1000,4203	1109,9445	1145,9316	1238,1724
abr	979,7893	1008,1235	1114,9392	1155,6720	1240,0296
mai	979,1034	1020,1202	1119,7334	1167,4599	1240,0296
jun	978,1243	1028,7912	1117,7179	1175,1651	1249,3299
jul	973,9183	1030,3344	1116,3767	1190,9123	1252,5781
ago	970,4123	1038,2680	1121,2887	1207,9424	1254,4570
set	974,4880	1050,2081	1128,5771	1219,6594	1273,2738
out	974,9753	1060,8152	1134,5586	1219,9033	1284,2240
nov	975,9503	1076,1970	1140,2313	1219,5374	
dez	973,4128	1083,6227	1138,8631	1227,8302	

Fonte: Portal Brasil (2014).

11.5 Problemas

*As respostas se encontram no site do Grupo A: **www.grupoa.com.br**. Para acessá-las, basta buscar pela página do livro, clicar em "Conteúdo online" e cadastrar-se.*

1. Uma financeira quer orientar o cálculo da prestação de crédito de uma loja, de modo que sua rentabilidade real seja de 3% ao mês. Sabendo-se que a inflação média é de 2,3% ao mês, determine qual deverá ser a taxa aparente mensal para cálculo das prestações.

2. Uma empresa desconta R$ 32.000 em duplicatas, 57 dias antes do vencimento, à taxa de desconto bancário simples de 6,8% ao mês. Sabendo-se que a inflação média do período é de 2,2% ao mês, identifique qual é a taxa real mensal de custo efetivo do empréstimo para a empresa.

3. Calcule a taxa de inflação acumulada e média mensal nos períodos indicados com base na variação do IGP-M da FGV, conforme as informações a seguir:

    - ano de 2012
    - segundo trimestre de 2013
    - de 1º de fevereiro a 30 de julho de 2013

4. Com base nos índices de preços do IGP-M da Fundação Getúlio Vargas, calcule o valor atualizado (corrigido) para 31 de julho de 2013 de um eletrodoméstico que foi adquirido em 21 de dezembro de 2011 por R$ 230,00.

5. Um empresário adquiriu um conjunto habitacional por R$ 11.200.000,00 em 30 de novembro de 2009 e deseja vendê-lo com um lucro real de 10% em 31 de agosto de 2013. Com base nos índices de preços do IGP-M da Fundação Getúlio Vargas, calcule o valor que o empresário deverá vender o imóvel.

APÊNDICE A

UM POUCO MAIS SOBRE CALCULADORAS

A.1 Introdução

Com exceção de algumas operações elementares, especialmente soma e substração, a maioria dos cálculos exige apoio de alguma calculadora. As calculadoras, como as conhecemos hoje, vieram substituir métodos de cálculo mais primitivos, como as tábuas de logaritmos, e menos precisos, como as réguas de cálculo. Esses recursos eram bastante populares nos meios profissionais e acadêmicos até meados do século XX, que trouxe o avanço da eletrônica digital e da portabilidade dos recursos.

Costuma-se classificar as calculadoras em:

- Calculadoras científicas, apropriadas para a solução de equações matemáticas em geral.

- Calculadoras financeiras, que, embora também permitam a solução de equações matemáticas, contêm fórmulas pré-programadas de Matemática Financeira.

Quanto ao modo como os dados das equações são introduzidos nas calculadoras, temos:

- Modo **ALG**ébrico: os operadores são colocados entre os operandos (números ou variáveis), buscando respeitar a sequência em que se encontram; os parênteses ajudam a respeitar a ordem de execução das operações.

- Modo **RPN** (*Reverse Polish Notation*[1]): os operadores são colocados *após* os operandos. O modo RPN foi introduzido em calculadoras pela empresa Hewlett-Packard (HP) e está presente em quase todos os modelos por ela fabricados. A calculadora financeira HP 12c Gold, uma das mais utilizadas e conhecidas, utiliza o modo RPN. Suas versões mais modernas (HP 12c Platinum e Prestige) permitem o uso dos dois modos (ALG e RPN), assim como a HP 17bii, seu modelo financeiro mais avançado. Já a calculadora financeira de entrada da empresa, a HP 10bii, opera apenas no modo ALG.

---

[1] *Notação Polonesa Reversa*, baseada na notação desenvolvida pelo matemático polonês Jan Luksievicz (1878-1956), com o objetivo de reduzir o número de operações na solução de equações, de larga aplicação em sistemas computacionais.

A equação $Z = 4 + 3$ (resp.: 7) é resolvida:

- Modo **ALG**ébrico: 4 $\boxed{+}$ 3 $\boxed{=}$
- Modo **RPN**: 4 $\boxed{\text{ENTER}}$ 3 $\boxed{+}$

A equação $Z = \dfrac{(4+3) \times (5+7)}{(8 - 2 \times 3)}$ (resp.: 42) é resolvida:

- Modo **ALG**ébrico: $\boxed{(}$ $\boxed{(}$ 4 $\boxed{+}$ 3 $\boxed{)}$ $\boxed{\times}$ $\boxed{(}$ 5 $\boxed{+}$ 7 $\boxed{)}$ $\boxed{)}$ $\boxed{\div}$ $\boxed{(}$ 8 $\boxed{-}$ $\boxed{(}$ 2 $\boxed{\times}$ 3 $\boxed{)}$ $\boxed{)}$ $\boxed{=}$
- Modo **RPN**: 4 $\boxed{\text{ENTER}}$ 3 $\boxed{+}$ 5 $\boxed{\text{ENTER}}$ 7 $\boxed{+}$ $\boxed{\times}$ 8 $\boxed{\text{ENTER}}$ 2 $\boxed{\text{ENTER}}$ 3 $\boxed{\times}$ $\boxed{-}$ $\boxed{\div}$

A.2 Usando calculadoras financeiras

As calculadoras financeiras são bastante utilizadas nas soluções de problemas de Matemática Financeira por terem várias equações dessa disciplina pré-programadas, facilitado os cálculos.

A maioria das calculadoras financeiras possui dois grupos de funções caracterizadas por conjuntos de memórias e funções dedicadas ao cálculo:

- dos juros compostos e das anuidades. Nesse grupo é comum identificar, na maioria das calculadoras, teclas de memória com as siglas $\boxed{n}$, $\boxed{i}$, $\boxed{\text{PV}}$, $\boxed{\text{PMT}}$ e $\boxed{\text{FV}}$.
- de fluxos de caixa descontados na análise de investimentos (estudos de viabilidade econômica). Nesse grupo se encontram as teclas de memória e operações: $\boxed{Cf_0}$, $\boxed{\text{NPV}}$, $\boxed{N_j}$, $\boxed{Cf_j}$, $\boxed{\text{NPV}}$ e $\boxed{\text{IRR}}$.

A.2.1 Marcas e modelos mais comuns

Existem no mercado diversas marcas e modelos de calculadoras financeiras da Hewlet-Packard.

A.2.2 Juros compostos com a calculadora financeira

De um modo geral, todas as calculadoras usam os seguintes princípios:

- $S = P(1 + i)^n$ é a equação básica que relaciona as 4 variáveis
- Para o cálculo de qualquer uma das variáveis, basta informar as 3 variáveis conhecidas, digitando os valores nas respectivas memórias e, logo em seguida, clicar na tecla correspondente à incógnita; como nesta última não há digitação de valores, a calculadora entende que deve fazer o cálculo dela em função das demais
- $\boxed{n}$ corresponde ao número de períodos de tempo
- $\boxed{i}$ corresponde à taxa percentual de juros
- $\boxed{\text{PV}}$ corresponde ao principal P (PV = *Present Value*)
- $\boxed{\text{PMT}}$ corresponde ao valor da prestação R (PMT = *Payment*)
- $\boxed{\text{FV}}$ corresponde ao montante S (FV = *Future Value*)

Na alternativa de cálculos pré-programados, em que as variáveis descritas são utilizadas, a calculadora considera o princípio de fluxo de caixa em que, se alguém recebe (recebimento = sinal positivo) um principal, deverá pagar (pagamento = sinal negativo) um montante ou uma série de prestações. Por essa razão, se digitarmos na calculadora um valor positivo para PV e quisermos que ela calcule o PMT, a resposta apresentada será negativa. Portanto, o leitor deve observar que, quando for calcular a taxa ou o prazo, os sinais das variáves que representam valores (PV, PMT ou FV) devem ser contrários.

APÊNDICE B

MÉTODOS NUMÉRICOS DE CÁLCULO DA TAXA DE JUROS

B.1 Introdução

Considere o seguinte problema

Calcular a taxa mensal de juros utilizada no financiamento de R$ 1.500,00, pago em 4 prestações mensais postecipadas no valor de R$ 427,94. (Resposta: 5,50%.)

Dados:
$i = ?$
$P = 1.500$
$n = 4$ p.m. post.
$R = 427,94$

Solução:
Examinando as equações de valor envolvidas, verificamos que, a partir da fórmula genérica podemos chegar a uma fórmula que envolve prestações iguais. Em ambos os casos, séries com valores diferentes ou iguais (anuidades), verifica-se a construção de um polinômio de grau **n** onde o que se procura é encontrar uma raíz do polinômio – valor para $(1 + i)$ que "zere" o polinômio. Percebe-se a impossibilidade de isolarmos o i, exceto nos casos de polinômios de primeiro ou segundo grau (fórmula de Bhaskara).

$$P = \frac{R_1}{(1+i)^1} + \frac{R_2}{(1+i)^2} + \ldots + \frac{R_{n-1}}{(1+i)^{n-1}} + \frac{R_n}{(1+i)^n}$$

$$= \left(\frac{R}{(1+i)^1} + \frac{R}{(1+i)^2} + \ldots + \frac{R}{(1+i)^{n-1}} + \frac{R}{(1+i)^n} \right)$$

$$= R \left(\frac{1}{(1+i)^1} + \frac{1}{(1+i)^2} + \ldots + \frac{1}{(1+i)^{n-1}} + \frac{1}{(1+i)^n} \right)$$

$$= R \frac{(1+i)^n - 1}{i(1+i)^n}$$

Métodos de solução

- Recursos pré-programados em calculadoras financeiras
  - Caso particular: quando forem séries de prestações iguais sem carência (anuidades postecipadas ou antecipadas)
  - Caso geral: para prestações de valor variável e não periódicas
- Método de Baily
- Métodos iterativos
  - Tentativa simples
  - Método de Newton-Raphson

B.2 Recursos pré-programados em calculadoras financeiras

Em geral, os fluxos de caixa se apresentam com um investimento (saída de caixa) seguido de uma série de receitas líquidas (entradas de caixa).

Usando uma calculadora financeira

Caso particular: quando forem séries de prestações iguais sem carência (anuidades postecipadas ou antecipadas)

HP 12c : $[end][clearfin]4[n]1500[PV]427.94[CHS][PMT][i] \Longrightarrow 5,499824916\%$
HP 10bii : $[end][clearall]4[n]1500[PV]427.94[+/-][PMT][I/YR] \Longrightarrow 5,499824916\%$

Caso geral: qualquer tipo de fluxo (recurso de *cash-flow*)

HP 12c : $[clearreg]1500[Cf_0]427.94[CHS][Cf_j]4[N_j][IRR] \Longrightarrow 5,499824916\%$
HP 10bii : $[clearall]1500[Cf_j]427.94[CHS][Cf_j]4[N_j][IRR] \Longrightarrow 5,499824916\%$

B.3 Método de Baily

Para anuidades em até $n = 50$, o Método de Bailey[1] pode ser usado pela seguinte expressão:

$$i = h\frac{12 - (n-1)h}{12 - 2(n-1)h}, \text{ onde } h = \left(\frac{Rn}{P}\right)^{\frac{2}{n+1}}$$

No problema em questão, temos $h = \left(\frac{427,94 \times 4}{1500}\right)^{\frac{2}{4+1}} = \left(\frac{1711,76}{1500}\right)^{\frac{2}{5}} - 1 = 0,054242805$

Substituindo na equação principal:

$$= 0,05242805 \frac{12 - (4-1)0,05242805}{12 - 2(4-1)0,05242805} = 0,054998882 = 5,4998882\%$$

---

[1] Dal Zot (2008, p. 97), nota de rodapé.

B.4 Métodos iterativos

B.4.1 Tentativa simples

A partir da fórmula genérica do principal de um fluxo de caixa, sabemos que o principal tem uma relação inversa com a taxa:

$$P = \frac{R_1}{(1+i)^1} + \frac{R_2}{(1+i)^2} + \ldots + \frac{R_{n-1}}{(1+i)^{n-1}} + \frac{R_n}{(1+i)^n}$$

O objetivo é encontrar a raiz da função polinomial $F(i)$, ou seja, um i tal que $F(i) = 0$:

$$F(i) = \frac{R_1}{(1+i)^1} + \frac{R_2}{(1+i)^2} + \ldots + \frac{R_{n-1}}{(1+i)^{n-1}} + \frac{R_n}{(1+i)^n} - P = 0$$

$$F(i) = \frac{427{,}94}{(1+i)^1} + \frac{427{,}94}{(1+i)^2} + \frac{427{,}94}{(1+i)^3} + \frac{427{,}94}{(1+i)^4} - 1500 = 0$$

O método consiste em iniciarmos com uma taxa arbitrada e verificar se o resultado da função é zero. Dificilmente o será na primeira vez. Assim, se o resultado for negativo, retoma-se a mesma taxa aumentando-a por um delta (a primeira vez relativamente alto), buscando torná-la positiva. Caso o resultado dê negativo, procede-se o contrário. Após a primeira tentativa, repete-se o processo até se conseguir inversão de sinal. A cada inversão de sinal, o delta é dividido por dois. Com esse processo, por aproximações sucessivas, o valor da função deverá ir se aproximando de zero.

Primeira tentativa

Seja a taxa arbitrada inicial $i = 2\%$ e $delta_i = 8\%$

$F(2\%) = 129{,}4794$

Segunda tentativa

O novo i é igual ao anterior mais o delta de acréscimo.

O sinal do delta é sempre positivo quando o último valor da função também é positivo.

$i = 2\% + 8\% = 10\%$

$F(10\%) = -143{,}4878$

Terceira tentativa

Após a primeira troca de sinal, o delta passa sempre a ser dividido por 2. Nesse caso, o delta é negativo porque o valor da função também é negativo.

$i = 10\% - 8 \div 2\% = 6\%$

$F(6\%) = -17{,}1427$

Quarta tentativa

$i = 6\% - 4 \div 2\% = 6\%$

$F(4\%) = 53{,}3774$

Quinta tentativa

$i = 4\% + 2 \div 2\% = 5\%$

$F(5\%) = 17{,}4541$

Sexta tentativa

$i = 5\% + 1 \div 2\% = 5{,}5\%$

$F(5{,}5\%) = -0{,}0061$

Para nosso propósito, $i = 5{,}5\%$ é uma boa resposta. Entretanto, dependendo do grau de precisão desejado, o processo pode continuar até conseguirmos um valor muito próximo de zero.

B.4.2 Método de Newton-Raphson

O Método de Newton-Raphson é um dos métodos numéricos mais eficientes para encontrar raízes reais de um polinômio (BUENO; RANGEL; SANTOS, 2011, p. 130). Exige conhecimentos de cálculo, mais especificamente, de derivação.

Processamos de acordo com os seguintes passos:

Seja uma função polinomial $F(i)$ cuja raiz desejamos encontrar.

Seja a fórmula: $i_{obtido} = i - \dfrac{F(i)}{F'(i)}$

onde i é um valor arbitrado para o cálculo da função e, a cada iteração, é realimentado pelo i_{obtido} com tendência de se igualarem, i e i_{obtido}, à medida que as iterações forem aumentando.

$F(i)$ é função calculada a partir do i enquanto que $F'(i)$ é a derivada da função calculada com o $x_{informado}$.

No exercício, teremos:

$$F(i) = \frac{427{,}94}{(1+i)^1} + \frac{427{,}94}{(1+i)^2} + \frac{427{,}94}{(1+i)^3} + \frac{427{,}94}{(1+i)^4} - 1500$$

$$F'(i) = -\frac{1711{,}76}{(1+i)^5} - \frac{1283{,}82}{(1+i)^4} - \frac{855{,}88}{(1+i)^3} - \frac{427{,}94}{(1+i)^2}$$

$$= x^4 \left(\frac{427{,}94}{x^1} + \frac{427{,}94}{x^2} + \frac{427{,}94}{x^3} + \frac{427{,}94}{x^4} - 1500 \right)$$

Primeira tentativa

$i = 0$

$i_{obtido} = 0 - \dfrac{F(0)}{F'(0)} = 0{,}049484$

Segunda tentativa

$i_{obtido} = 0{,}049484 - \dfrac{F(0{,}049484)}{F'(0{,}049484)} = 0{.}054942$

Terceira tentativa

$i_{obtido} = 0{,}049484 - \dfrac{F(0{,}049484)}{F'(0{,}049484)} = 0{,}054942$

Quarta tentativa

$$i_{obtido} = 0{,}054998 - \frac{F(0{,}054998)}{F'(0{,}054998)} = 0{,}054998$$

Como, a partir da quarta tentativa, o valor de *i* passou a ficar igual, na precisão escolhida, com taxa unitária de 6 casas decimais, podemos escolhê-la como a resposta procurada.
Verificação:

$$F(0{,}054998) = \frac{427{,}94}{(1+0{,}054998)^1} + \frac{427{,}94}{(1+0{,}054998)^2} + \frac{427{,}94}{(1+0{,}054998)^3} + \frac{427{,}94}{(1+0{,}054998)^4} - 1500$$
$$= 0{.}000862 \cong 0$$

REFERÊNCIAS

ASSAF NETO, A. *Matemática financeira e suas aplicações*. 11. ed. São Paulo: Atlas, 2009.

BIERDMAN JR., H.; SMIDT, S. *The capital budgeting decision*: economic analysis of investment project. 9th ed. New York: Routledge, 2007.

BRASIL. *Lei nº 4.357, de 16 de julho de 1964*. Autoriza a emissão de Obrigações do Tesouro Nacional, altera a legislação do imposto sobre a renda, e dá outras providências. Brasília, 16 jul. 1964. Disponível em: <http://www.planalto.gov.br/ccivil_03/leis/L4357.htm>. Acesso em: 06 fev. 2015.

BREALEY, R. A.; MYERS, S. C.; ALLEN, F. *Princípios de finanças corporativas*. 8. ed. São Paulo: McGraw-Hill, 2008.

BRIGHAM, E. F.; GAPENSKI, L. C.; EHRHARDT, M. C. *Administração financeira*: teoria e prática. São Paulo: Atlas, 2001.

BUENO, R. de L. S. B.; RANGEL, A. de S.; SANTOS, J. C. de S. *Matemática financeira moderna*. São Paulo: Cengage Learning, 2011.

CASAROTTO FILHO, N.; KOPITTKE, B. H. *Análise de investimentos*: matemática financeira, engenharia econômica, tomada de decisão, estratégia empresarial. 9. ed. São Paulo: Atlas, 2000.

CISSEL, R.; CISSEL, H. *Mathematics of finance*. 6th ed. Boston: Houghton Mifflin, 1982.

DAL ZOT, W. *Matemática financeira*. 5. ed. Porto Alegre: UFRGS, 2008.

DAMODARAN, A. *Finanças corporativas*: teoria e prática. 2. ed. Porto Alegre: Bookman, 2004.

DUMOULIN, P.; ROSSELLUS, T. *Theses theol. de usuris*. Geneva: de Tournes, 1961. Disponível em: <http://books.google.com.br/books?id=B4WVtgAACAAJ>. Acesso em: 04 fev. 2015.

FARO, C. de. *Princípios e aplicações do cálculo financeiro*. Rio de Janeiro: LTC, 1990.

FARO, C. de; LACHTERMACHER, G. *Introdução à matemática financeira*. São Paulo: FGV; Saraiva, 2012.

FERREIRA, A. B. de H. *Novo dicionário Aurélio da língua portuguesa*. 2. ed. Rio de Janeiro: Nova Fronteira, 1986.

GIANNETTI, E. *O valor do amanhã*. São Paulo: Companhia das Letras, 2005.

GITMAN, L. J. *Princípios de administração financeira*. 10. ed. São Paulo: Pearson, 2004.

GRANT, E. L.; IRESON, W. G.; LEAVENWORTH, R. S. *Principles of engineering economy*. 8th ed. New York: John Wiley & Sons, 1990.

GUTHRIE, G. C.; LEMON, L. D. *Mathematics of interest rates and finance*. Upper Saddle River: Pearson Prentice Hall, 2004.

JANSEN, L. *Panorama dos juros no direito brasileiro*. Rio de Janeiro: Lumen Juris, 2002.

MERTON, R. C.; BODIE, Z. *Finanças*. 2. ed. Porto Alegre: Bookman, 2006.

OLIVEIRA, C. M. de. *Limite constitucional dos juros bancários:* doutrina e jurisprudência. 2. ed. Campinas: LZN, 2001.

OLIVEIRA, M. C. de. *Moeda, juros e instituições financeiras:* regime jurídico. 2. ed. rev. e atual. Rio de Janeiro: Forense, 2009.

PELLEGRINO, A. C. G. T.; VIAN, C. E. de F.; PAIVA, C. C. de (Orgs.). *Economia:* fundamentos e práticas aplicados à realidade brasileira. Campinas: Alínea, 2005.

PORTAL BRASIL. Indíce geral de preços do mercado – IGP-M. Brasília, c2014. Disponível em: <http://www.portalbrasil.net/igpm.htm>. Acesso em: 06 fev. 2015.

PUCCINI, A. de L. *Matemática financeira:* objetiva e aplicada. 8. ed. rev. e atual. São Paulo: Saraiva, 2009.

REBELATTO, D. *Projeto de investimento*. Barueri: Manole, 2004.

REVISTA CONJUNTURA ECONÔMICA. Rio de Janeiro: Instituto Brasileiro de Economia (IBRE), v. 67, n. 10, out. 2013.

ROSS, S. A. et al. *Fundamentos de administração financeira*. 9. ed. Porto Alegre: AMGH, 2013.

SAMANEZ, C. P. *Matemática financeira:* aplicações à análise de investimentos. 3. ed. São Paulo: Prentice Hall, 2002.

VASCONCELLOS, M. A. S. de. *Economia:* micro e macro. 4. ed. São Paulo: Atlas, 2009.

VIEIRA SOBRINHO, J. D. *Matemática financeira*. 7. ed. São Paulo: Atlas, 2000.

WELLINGTON, A. M. *The economic theory of the location of railways:* an analysis of the conditions controlling the laying out of railways to effect the most judicious expenditure of capital. New York: John Wiley & Sons, 1887.

Leituras Sugeridas

GIRARD, P. F. *Manuel élèmentaire de droit romain*. 4. éd. rev. et augm. Paris: A. Rousseau, 1906. Disponível em: <https://archive.org/details/manuellmentaire00giragoog>. Acesso em: 04 fev. 2015.

HP: HP10BII calculadora financeira – Guia do usuário. 2003 URL: http://www.google.com/url?sa=t&rct=j&q=&esrc=s&source=web&cd=2&ved=0CCgQFjAB&url=http%3A%2F%2Fwww.instructionsmanuals.com%2Fu2%2Fpdf%2Fcalculadoras%2FHp-10bII-pt.pdf&ei=X5GpVJiDL5DcgwST54OQBA&usg=AFQjCNFRr9ZdpiLoDtrWhTWFkBjIda3BCw&bvm=bv.82001339,d.eXY

HP. *Hp 12c calculadora financeira:* guia do usuário. 4. ed. San Diego, 2004. Disponível em: <http://www.google.com/url?sa=t&rct=j&q=&esrc=s&source=web& cd=1&ved=0CCAQFjAA&url=http%3A%2F%2Fh10032.www1.hp.com%2Fctg%2FManual%2Fbpia5239.pdf&ei=xJipVPzcDsKhNpCtgfAJ&usg=AFQjCNGe_t93BNWig1LSt_LUjxWW-d_gSA&bvm=bv.82001339,d.eXY>. Acesso em: 05 fev. 2015.

ÍNDICE

A

Análise de investimentos, 109
   atividades, 120
   comentários sobre os métodos, 120
      método da TIR, 120
      método do *payback*, 120
      método do VPL, 120
      práticas empresariais, 120
   conceito, 109
   conceitos básicos, 110
      payback, 112
         conceito, 112
      taxa interna de retorno (TIR), 111
         conceito, 111
      taxa mínima de atratividade (TMA), 111
         conceito, 111
      valor presente líquido (VPL), 111
         conceito, 111
      viabilidade econômica, 112
         conceito, 112
      viabilidade financeira, 112
         conceito, 112
   limites da abordagem na disciplina de matemática financeira, 110
   principais técnicas de análise de investimentos, 112
      enfoques para a decisão, 112
         aceitação-rejeição, 113
         de classificação, 113
      exemplos, 113
      método da taxa interna de retorno (TIR), 112, 115
         aceitação-rejeição, 115
         classificação, 116
         exemplos, 116
      método do *payback* (PB), 116
         aceitação-rejeição, 117
         classificação, 117
         exemplos, 117
      método do prazo de retorno (*payback* simples), 112
      método do valor presente líquido (VPL), 112, 113
         aceitação-rejeição, 113
         classificação, 114
         exemplos, 114
      método do valor presente líquido anualizado (VPLA), 112, 118
   princípios de análise de investimentos, 110

Anuidades, 51
   anuidades diferidas, 64
      cálculo da prestação R em função do principal, 65
      cálculo do principal P em função da prestação R, 66
      cálculo da taxa i, 67
      coeficientes utilizados no comércio, 67
   antecipadas, 59
      cálculo da prestação R em função do principal, 59
      cálculo da taxa conhecendo-se as prestações postecipadas e antecipadas, 63
      cálculo da taxa i, 61
      cálculo do principal P em função da prestação R, 60
      cálculo do valor futuro, 62
   atividades, 73
   cálculo da prestação R em função do principal, 54
      cálculo da prestação R em função do valor futuro S, 58
      cálculo da taxa I, 55
      cálculo do valor futuro, 57
   classificação, 52
      periodicidade, 52
      prazo, 52
      valor dos termos, 52
   conceito, 51
   postecipadas, 53
      principal P em função da prestação R, 53
   problemas especiais, 70
      dilema: poupar ou tomar empréstimo, 70
      modelo de poupança para o ciclo de vida, 72
      resumo das fórmulas de anuidades, 73
   valor de um fluxo de caixa, 51

C

Calculadoras, 137
   financeiras, 138
      juros compostos com calculadora financeira, 138
      marcas e modelos mais comuns, 138
Cálculo da taxa de juros, 141
   métodos numéricos, 141
      método de Newton-Raphson, 144
      métodos iterativos, 143
         tentativa simples, 143
      método de Baily, 142
      recursos pré-programados em calculadoras financeiras, 142
Capitalização de juros, 20
   conceito, 10
   juros com capitalização discreta, 10
      juros compostos, 10
      juros simples, 10
   juros contínuos, 10
Correção monetária, 123
   atividades, 135
   conceito de inflação, 123
      crescimento generalizado dos preços, 123
      não sincronismo das alterações, 123
      principais consequências da inflação que prejudicam a economia, 124
   fórmula de Fischer, 129
      taxas aparente, de correção monetária e real, 129
         conceito, 129
   indexadores, 124
      como calcular a taxa de inflação pela leitura dos índices, 126
      números índices, 124
         INCC, 124
         IPA, 124
         IPC, 124
      princípio da indexação, 124
         conceito, 125
         uso das tabelas, 125
   o que é correção monetária, 124
      conceito, 124
   tabelas de preços, 133
Crédito e juro, 1
   conceito, 1
Crédito e sistema financeiro, surgimento, 1

D

Descontos, 45
   atividades, 50
   cálculo da taxa efetiva (i), 48
   cálculo do desconto (D), 46
   cálculo do valor descontado (P), 47
   conceito, 45
   desconto bancário simples, 46
      conceito, 46
      simbologia, 46
   tipos de descontos, 49
      bancário composto, 49
      bancário simples, 49
      racional composto, 49
      racional simples, 49
Dinheiro, valor no tempo, 5
   perda do poder aquisitivo, 5
   risco de não receber, 5

E

Equivalência de capitais, 77
   atividades, 90
   cálculo do fluxo equivalente, 85
      fluxos n x n4, 88
      fluxos n x 1, 86
      fluxos 1 x 1, 85
   conceito, 77
   tornando dois fluxos equivalentes entre si, 83
   valor atual ou valor presente de um fluxo de caixa, 78
   verificação de equivalência, 80

I

Instituições de intermediação financeira, 2
   agentes deficitários, 2
      consumidores, 2
      empreendedores, 2
   agentes de intermediação financeira, 2
   agentes superavitários, 2

J

Juros compostos, 23
   atividades, 31
   cálculo da taxa, 27
   cálculo do montante, 25
   cálculo do prazo, 28
   cálculo do principal, 26
   comparativo entre juros simples e juros compostos, 24
   conceito, 23
   fórmulas principais, 23
   períodos não inteiros, 29
Juros simples, 11
   atividades, 21
   conceito, 11
   fórmulas principais, 11
   problemas envolvendo juros, 12
      cálculo da taxa de juros, 16
      cálculo do prazo, 17
      cálculo do principal, 15
      cálculo dos juros, 12
   problemas envolvendo montante, 18
      cálculo da taxa de juros, 19
      cálculo do montante, 18
      cálculo do prazo, 18
      cálculo do principal, 19

M

Matemática financeira, conceito, 6

P

Precisão nos cálculos, 9
   arredondamento, 9
   precisão, 9

R

Regra do banqueiro, 8
   contagem de tempo, 8
      contagem aproximada, 8
      contagem exata, 8

S

Sistemas de amortização, 93
  atividades, 108
  classificação, 93
    sistema americano com pagamento de juros no final, 93
    sistema americano com pagamento periódico de juros, 93
    sistema de amortizações constantes (SAC), 93
    sistema misto (SAM) ou sistema de amortizações crescentes (SACRE), 93
    sistema price ou francês, 93
  desafios, 101
  planos financeiros, 93
    sistema americano com pagamento de juros no final, 94
    sistema americano com pagamento periódico de juros, 95
    sistema de amortizações constantes (SAC), 99
    sistema misto (SAM), 99
    sistema price ou francês, 97
  reflexões finais, 100
  solução dos desafios, 101
    sistema americano com pagamento de juros no final, 101
    sistema americano com pagamento periódico de juros, 103
    sistema de amortização constantes (SAC), 105
    sistema price ou francês, 104
    sistema de amortização misto (SAM), 107

V

Variáveis e simbologia, 6
  juros (J), 6
    conceito, 6
  montante (S), 6
    conceito, 6
  prazo (n), 7
    conceito, 7
  prestação (R), 7
    conceito, 7
  principal (P), 6
    conceito, 6
  taxa (i), 7
    conceito, 7

T

Taxas, 33
  abordagens sobre taxas de juros, 33
    ambiente inflacionário, 33
      aparentes, 33
      de inflação ou de correção monetária, 33
      reais, 33
    comparação entre taxas, 33
      equivalentes entre si, 33
      proporcionais entre si, 33
    forma de capitalização, 33
      juros compostos, 33
        efetivas, 33
        nominais, 33
      juros simples, 33
    operações de desconto, 33
  atividades, 42
  desconto, 42
    desconto bancário, 42
    racional ou por dentro, 42
  equivalentes, 34
    conceito, 34
    juros compostos, 34
    juros simples, 34
  inflação, 41
  nominal, 37
    conceito, 38
  proporcionais, 34
    conceito, 34